U0009656

豹紋守宮完全飼養指南

守宮娘雨玥的日常手帳 創辦人

貓頭鷹◎著

晨星出版

目次

第 1 篇
介紹豹紋守宮

第 2 篇
給守宮一個舒適的家

第 **5** 篇

豹紋守宮先生／小姐的結婚日誌

第 **6** 篇

那些守宮的奇聞軼事

附錄

推薦序

　　飼養豹紋守宮十幾年來，已經購買及閱讀過許多的動物專業書籍，我認為好的動物飼養書籍須要具備幾個條件：1. 淺顯易懂。2. 基於科學化的資料作為書籍本身的佐證。3. 能解決讀者在實際飼養上遇到的難題。

　　於門診過程中時常遇到飼主想要入門飼養豹紋守宮，但是卻因為網路上資訊繁雜、缺乏專業性，而無所適從。想要推薦適合的書籍也很困難，因為以往的書籍皆以國外翻譯為主，多半內容不符合國情、或是因為近期關於豹紋守宮研究繁多而顯得過時。

　　現在這個問題解決了！《豹紋守宮完全飼養指南》為市面上罕有的、針對台灣現況所撰寫的豹紋守宮飼育書籍，結合作者貓頭鷹多年的豹紋守宮飼育經驗、大量的科學文獻閱讀及蒐集所成。藉由閱讀這本書，能在短時間內獲得大量寶藏般的知識和技巧；除了能學會飼養豹紋守宮以外，對於豹紋守宮飼育者常遇見的問題、疑慮，這本書都能給予很好的解答。

　　在豹紋守宮飼養族群與日俱增的情況下，絕對是中文圈的豹紋守宮新手、老手必讀的參考指南。

秘境野生動物專科醫院獸醫師
台灣特殊寵物暨野生動物醫學會會員
美國兩棲爬蟲醫學會會員

陳勇惟

推薦序

　　貓頭鷹是我認識多年的爬友，打從開設特寵餐廳初次認識，就可以感受到他對爬行類寵物飼育的熱愛。看著他一步一步不斷地鑽研和培育豹紋守宮，孜孜不倦地求新求進步，變得越來越專業，如今終於出書了，很是替他開心。

　　豹紋守宮是目前爬寵中最多人飼育的蜥蜴——很多人以為守宮不是蜥蜴，但其實以分類學來說，豹紋守宮屬於有鱗目（*Squamata*）瞼虎科（*Eublephari-dae*），也算是蜥蜴的一種——說牠是世界上最受歡迎的守宮寵物也不為過。全世界的玩家也是不斷累代培育新品系，目前市場上已可完全用人工繁殖個體取代野外繁殖，既能適應人工環境，也不需要像貓狗般需要較多心力和活動空間，是很適合新手入門的爬寵寵物。

　　一般人對爬寵還是有很多的誤解，翻閱完《豹紋守宮完全飼養指南》，會發現此書簡直就是豹紋守宮的寶典，能夠帶領你重新認識這些迷人的小生命。不論是飼育、科學、文化或淵源歷史，作者貓頭鷹從各個角度去剖析豹紋守宮，讓你對牠有更深一層的認識，絕對是一本值得推薦給爬寵玩家們的好書，細細閱讀後，也一定可以感受到作者對豹紋守宮的熱愛及用心。

　　坊間頗為流行的收納櫃飼養方式，在書中也有所著墨，但這種方式無法讓爬寵擁有足夠的活動空間。如果飼主在能力範圍內提供可供探索和變化的環境，就能讓爬寵過得更好。爬寵的動物福利經常會被忽略，即使是小如豹紋守宮的爬行動物，也是有環境豐富化的需求，至於該怎麼做，相信讀者們看完此書就更能理解。

　　若您想入手一隻豹紋守宮當作寵物，讀完《豹紋守宮完全飼養指南》，一定能給爬寵更完善周全的照顧。

國立臺灣師範大學生命科學所碩士
胖鬣蜥城市特寵餐廳

劉于綾

作者序

從小時候開始就喜歡養一些奇怪的東西，例如：甲蟲、孔雀魚、螳螂等等，甚至是路邊撿到烏龜也帶回家養。然後高中的某一個夏天，在一間甲蟲店看到了豹紋守宮，展開了我的瘋狂飼養守宮之路。

入坑的時候剛好也有幾位前輩引進了一些國外的新品系，例如雷達、颱風，這也讓台灣的豹紋守宮市場進入白熱化階段，當時的我癡迷於飼養新品系，每個月領到打工的薪水都砸進去，心裡都在想著這些守宮交配以後能培育出多漂亮的後代。

在當時豹紋守宮的飼養資料很少，從基本飼養到怎麼區分不同種品系都得靠自己摸索，複雜的品系基因也是讓許多人對豹紋守宮望而卻步的主因之一。那時候我剛好看到屏東縣政府跟希萌文化推出「初夏的東港之櫻」這個擬人化 IP 來推廣屏東在地的特產櫻花蝦，於是我也跟著推出了「守宮娘雨玥的日常」來介紹守宮的飼養相關知識。

創立不久後就因課業繁忙而停擺好一陣子，直到 2019 年才與朋友一起決定認真經營，這個 IP 也正式改名爲「守宮娘雨玥的日常手帳」。一路走來跌跌撞撞，在與不同人合作的過程中，也有因自己的不成熟而跟他人鬧得不愉快的經驗，同時也受了很多人幫助，這個 IP 才能成長至今，我也成立了網站整理並刊登一些之前寫過的文章與在粉專上連載過的漫畫，希望可以讓大家更容易找到自己需要的資料。

後來接到了晨星出版的邀請，希望能將網站的內容集結成書出版，在寫書的這一年裡遇到了許多預期之外的挑戰，中間也拖稿了好幾次，最後好不容易才終於完成這本書，希望能讓正在閱讀的你，在飼養守宮的路上更加順遂。

最後要感謝所有在出書過程中曾經協助過的人！

感謝我的家人在飼養守宮的過程中對我的包容與協助。

感謝 MIKO Zoo 的花花、蛇蟒懂蜥的蜻蜓、家有爬寵的小綠、巢 Nest 的小陳、NHD 造景設計、紫壁虎、信富、呱呱媽、宜婷、守宮迷的 Ricky 提供素材照片，讓這本書的內容更豐富。

感謝蟲磨坊的阿文老闆提供場地跟各種餌料協助拍攝。

感謝胖鬣蜥的于綾老闆娘在審稿過程中幫我挑出許多飼養的錯誤觀念。

感謝秘境野生動物專科醫院的陳勇惟醫師，在守宮疾病相關篇章提供許多寶貴的資訊與素材照片。

還有各位曾被守宮娘委託過的繪師大大們，感謝你們的協助讓守宮娘這個 IP 真的活起來。

現代人飼養寵物的選擇越來越多，除了常見的貓狗鼠兔以外，兩棲爬蟲的愛好者也越來越多，守宮更是爬蟲類寵物中最受歡迎的物種之一，很多人會選擇豹紋守宮當作是自己的第一隻爬蟲類寵物。

守宮也是一種很適合上班族忙碌生活的寵物，與貓狗相比，牠所需要的活動空間不大，只要書桌上的一個小角落就可以過得舒舒服服。守宮也像貓一樣能夠獨立自主生活，幾乎不需要主人的陪伴。與其他爬蟲類相比，牠所需要的設備相對簡易，伙食費也非常低。

最後，豹紋守宮的培育歷經二、三十個年頭，其品系花色組合已經達到數百種，現在世界各地依舊有許多守宮的愛好者在培育屬於他們自己的品系，繁殖的低門檻讓一般人也有機會培育出屬於自己的豹紋守宮。這些因素就是讓豹紋守宮飼養人氣歷久不衰的理由，現在就讓我們和守宮娘一起來認識這迷人的小動物吧！

貓頭鷹

雨玥

|品系| 雨水白化
|人類外表年齡| 14 歲

　　守宮三姊妹的次女，本書的主角，個性活潑、神經大條，對於好吃的東西來者不拒，唯獨討厭有苦味的食物，神經大條的個性常常鬧出不少笑話，但也是一家人歡笑的來源。常常跟雨靜、蒔雨打遊戲，但是似乎沒有遊戲天分，常常被雨靜打得落花流水。

雨寧

| 品系 | 貝爾白化 |
| 人類外表年齡 | 18 歲

　　三姊妹的長女，個性聰明且成熟，在蒔雨回來前是寵物用品店的主要經營者，同時也負責家裡的財務管理，對於數字相關的東西非常敏感。除了經營店舖外，還要負責照顧兩個不成才的妹妹，有時候出於溺愛會配合妹妹無理的要求，但若是太過火的話，會激起雨寧不為人知的一面。

雨靜

|品系|惡魔白酒
|人類外表年齡| 12 歲

　　三姊妹中最年幼的，性格沉默寡言，
是個三無少女。對於任何種類的遊戲
都很有天分，無時無刻不在刷
手遊，是個超級肝帝，但是
抽卡運超級差，常常透支零
用錢。喜歡魔法少女梅梅露，
是一個對於魔法少女十分了解
的專家。對雨寧和蒔雨非常崇
拜，雖然雨靜表面上經常說雨玥
是笨蛋，但實際上她還是非常
喜歡雨玥。

白蒔雨

生日	2/20	**星座**	雙魚座
年齡	26 ～ 28 歲（詳細數字為本人的秘密）		
個性	善良、成熟	**專長**	動物飼育、環境保育等課程
喜歡的東西	啤酒	**討厭的東西**	不尊重動物的人

是家裡真正的大姊頭，擅長照顧人和動物的開朗大姊姊，個性成熟又不失童心，喜歡跟雨玥、雨靜玩在一起。有時候還會因為玩得太過火跟兩人一起被雨寧處罰，也常常在雨寧不知道怎麼辦時給予極大的幫助，是雨寧崇拜的對象。皮膚白皙但很容易曬黑，不喜歡大白天出門，很喜歡喝啤酒，喝完後會變得十分嚴肅，但很快就會睡著。街坊鄰居跟雨玥、雨靜都叫她阿蒔，只有雨寧會叫她蒔雨姊。從祖母跟叔叔手中接過這間寵物用品店，因為去大學上動物科學系的進修課程，所以才將店面交給三姊妹打理，目前課程結束後回到家裡與三姊妹一起經營寵物用品店。

繪師們

玉蒔良（小良）

致力於創造出一堆可可愛愛的生物和作品，
用可愛征服全世界！

玉蒔良事務
https://www.facebook.com/v235067

玖歲

吃巧克力過活的老鼠，喜歡心靈恐怖故事跟
案件解說，擅長四格跟短篇漫畫

含糖過量
https://www.facebook.com/exsugarkutoshi/

MonZ

Illustrator 自由插畫家兼自媒體工作者

MonZArtWork
https://monzartwork.weebly.com/

摩訶（摩科 moku）

擅長畫 Q 版，也會畫一些插圖、塗鴉，
每天早上都要一杯特大冰美開始每一天。

摩科
https://www.facebook.com/mokukuo

背包

雖然現在暫停了粉絲團的更新，但仍然跟獅子在一
起低調接觸繪圖工作的小作家，希望各位可以喜歡
這些內容，今後也請大家多多指教。

獅子和葉月的相處集
https://www.facebook.com/HATUKIRIN

第 **1** 篇

介紹豹紋守宮

01 豹紋守宮的構造

頭部

豹紋守宮屬於夜行性的動物，瞳孔會像是貓一樣收縮擴張，與家裡常見的壁虎最大差異除了無法爬牆外，就在於**豹紋守宮是有眼瞼的**，在遇到強烈的光線刺激或是想要休息時都會閉眼。**其中白化的豹紋守宮特別畏光**，在室內燈光下就會呈現一直閉眼的狀態，因此請盡量**避免用強光直射守宮的眼睛**。有一些特殊品系的豹紋守宮，眼睛會呈現全黑或是全紅。

有時候可以觀察到守宮在探索環境時會伸出不斷伸出舌頭像是在舔鼻子一樣，那是守宮透過鼻腔內的**犁鼻器**在感知周遭的氣味。守宮脫完皮後，鼻頭偶爾會有一點殘留的舊皮，飼主發現的話可以幫忙清理一下。

守宮主要是透過視覺來捕捉獵物，同時也具有一定的聽覺，在牠們**眼睛兩側各有一個小洞**，那是守宮的內耳，飼養時也要避免將守宮飼養在過度吵雜的環境，不然容易造成守宮時常處於神經緊繃的狀態，這樣對守宮的健康也有不良的影響。

守宮的**嘴巴裡有一排細小的牙齒**，這可以更好的幫助牠們咬碎獵物的外殼，一般被守宮咬不會有什麼特別的感覺，但在牠們發情期時要特別注

意，這時候的守宮性格會比較暴躁，如果被牠們咬到了很容易流血。

而豹紋守宮也擁有**聲帶**，在遇到威脅或是受到驚嚇會發出「嘶嘶——」的叫聲，通常只有幼年期的守宮會這樣，等到成體個性較穩定以後就不會這樣了。

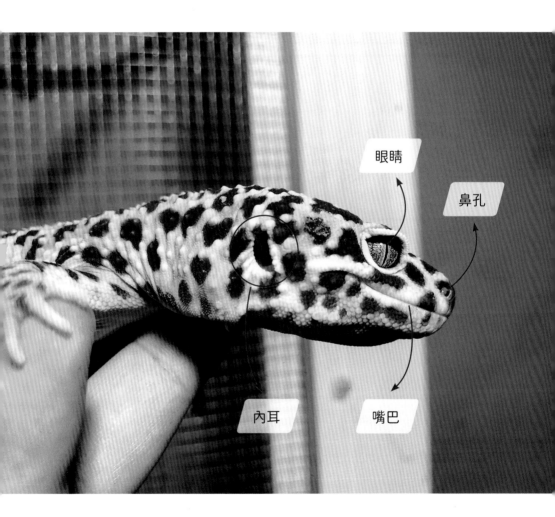

眼睛

鼻孔

內耳

嘴巴

守宮的感官

繪師：玖歲

蝦球我要了！

最後一個

發現剩下來的蛤仔肉！

搶飯也太熟練了吧妳……

好ㄘ

好ㄘ

人家的眼力就是為了這時候囉！

那麼，眼睛很好吃得也多的雨玥

等等碗可以給你洗嗎？

哈……？

喂。

身體

　　豹紋守宮的**腹部有細小的鱗片，背部也會有疣狀的鱗片**，與多數的壁虎一樣，守宮也會脫皮，如果發現守宮體色變白的時候就代表要脫皮了，守宮脫皮時會將自己的皮給吃掉，據說是為了防止在野外被天敵發現。而守宮的花紋與顏色長大後會有很大的差異，在選購想飼養的守宮品系時，最好可以參考網路上成體的花紋照片。

　　豹紋守宮並不會像家裡的壁虎一樣飛簷走壁，是屬於地棲型的守宮，**前後腳都各有五隻腳趾，牠們也有趾甲**，有時候可以觀察到牠們有挖掘的動作，那是牠們的天性。而守宮的腳趾是最容易受傷的地方之一，常常會因脫皮不完全而卡皮，如果腳趾累積太多舊皮，會造成趾甲斷裂，更嚴重的話守宮可能在脫皮時就直接把腳趾咬斷，守宮的趾甲如果不是整隻腳趾斷掉都還可以再生，但如果腳趾斷掉的話就不會再生了。

　　守宮身體與尾巴的交界處是牠們的泄殖腔，在抓取守宮時如果牠們反應激烈，可以觀察到牠們從泄殖腔噴水或是噴出排泄物來嚇阻敵人，抓取時要特別注意。而在泄殖腔上會有一排倒Ｖ字型的蠟孔，不管是雄性或是雌性都會有，但是雄性守宮的蠟孔會有明顯的孔洞，母的則沒有，在發情期時，公守宮的蠟孔還會分泌蠟條，這時候牠的脾氣會特別暴躁，在互動抓取時要特別注意。

　　雄性守宮在泄殖腔與尾巴交界處可以觀察到左右隆起，那是守宮收納生殖器的地方。守宮與蛇一樣具有半陰莖，兩邊都具有獨立的功能，在交配時也會交替使用，守宮交配完後會清潔半陰莖，有的時候會發現半陰莖

背部

腳趾

腹部

不會順利收回，如果曝露在空氣中太久會導致生殖器乾掉脫落，若是發現沒有收起，要盡快帶去給獸醫看。

尾部

尾巴對於豹紋守宮的生存來說是非常重要的器官，牠們與家裡常見的守宮一樣具有**自割的求生機制**。當感覺到威脅臨近時，豹紋守宮就會自割尾巴來防衛。斷掉後的尾巴會快速彈跳來吸引天敵注意，讓守宮可以趁機逃脫。

　　而在守宮自割後，新再生的尾巴將成爲圓球形的軟骨，體積更大，也無法再次自割，若尾巴部分因低溫燙傷等原因造成枯尾的話，守宮也會啓動自割，斷掉的尾巴也會再重新生長。

　　在日常生活中，**豹紋守宮的尾巴也扮演著脂肪儲存的角色**。尾巴越豐滿，代表脂肪儲存越充足，是守宮健康的象徵。這些尾部儲存的脂肪會在守宮發情或過多期間提供營養，對守宮而言是非常重要的生存資源，除非眞的萬不得已，不然守宮都不會輕易放棄自己的尾巴。

　　而尾巴也是守宮情緒的顯示器。如果在接觸守宮時，發現牠快速搖晃尾巴並試圖逃跑，就表示牠感受到威脅，這時候最好停止觸碰，將守宮放回飼養箱中不要再做過多的打擾。有時也可以觀察到守宮在捕食或是探索環境時，會輕微搖晃尾巴，這屬於守宮的自然行爲。

尾巴儲存的脂肪

泄殖腔

守宮的的養分優先儲存在尾巴

繪師：玖歲

盯———

蒔雨姊，妳胖了吧？

嗚！

都說了不要每天都吃宵夜下酒！今天起六點後禁止吃東西！

這是為了蒔雨姊的健康著想！

欸——！太過分了！

就是說呀！得像我一樣維持NICE BODY才行喔！阿時

油亮！

妳先看看妳的尾巴再說話！

有尾巴了不起！

02 飼養守宮前的準備

　　豹紋守宮雖然是爬蟲類中的入門物種，但在飼養和習性上與一般常見的貓、狗、鼠、兔等哺乳動物有極大的不同，因一時興起的飼養對守宮或是飼主都不是一件好事，在飼養前需要經過謹慎的評估，以下整理了飼養守宮前可能需要評估的問題：

是	否	項目
☐	☐	❶ 守宮不像貓、狗一樣親人，不喜歡被人打擾，1天幾乎有一半以上的時間都在躲避屋裡睡覺，飼主是否能接受這樣個性的寵物？
☐	☐	❷ 同住者是否能接受在住處飼養爬蟲類？若是與家人合住或是在外租房子住，請務必要與家人商量或是告知房東，常有購買後家人或房東不同意飼養而轉手的情況發生。
☐	☐	❸ 寵物不像人類有健康保險，生病時看獸醫的費用都是幾百到數千元，在牠們生病時，飼主是否有經濟能力支付看獸醫的費用？
☐	☐	❹ 守宮是食蟲性的動物，必須要吃小昆蟲，而且不是每一隻守宮都願意吃飼料，飼主與同住者是否能接受在家裡飼養活餌昆蟲呢？

是	否		項目
☐	☐	⑤	能否忍受守宮產生的噪音？守宮是晨昏型動物，在半夜可能會挖掘飼養箱的底材，或是抓箱子嘗試跑出來，若是與守宮住在同一個房間，需要能忍受這樣的噪音。
☐	☐	⑥	家裡有飼養貓、狗或是有孩童時，是否能確保守宮籠子的安全，不會被貓狗破壞？
☐	☐	⑦	守宮不是一種適合帶出門的寵物，牠們是爬蟲界中著名的繭居族，飼主能否接受這樣的習性？
☐	☐	⑧	豹紋守宮在人工飼養下的壽命約 10～20 年，飼主能否陪伴牠們到終老？
☐	☐	⑨	守宮的繁殖力驚人，一對守宮交配以後，一年可以產下 2～16 隻的守宮，在繁殖守宮以後是否能照顧這麼多的小孩？
☐	☐	⑩	守宮有多種品系花紋，價格從數千到破萬不等，你當下購買的個體是否是自己真正喜愛的，還是只是為了飼養看看或是預算不足而屈就購買的？
☐	☐	⑪	守宮小時候的體色表現與長大後差異很大，是否會在守宮成長後因花紋差異過大，而不喜歡自己飼養的守宮？

土庫曼豹紋守宮（左圖）與阿富汗豹紋守宮（右圖）從幼體到成體的體色變化，守宮小時候和長大後的差異頗大。

03 守宮的購買管道

　　購買守宮的過程不只是一見鍾情那麼簡單，選擇正確的管道，才能成爲你在飼養時健康和快樂的關鍵。從專業寵物店到繁殖者，每一種管道都有各自的利弊。以下提供購買的途徑，希望能幫助你作出最佳的選擇。

實體店面

　　若要在實體店面購買，可以先網路搜尋找離自己位置最近的爬蟲專賣店，也可以加入相關爬蟲社群，找找看多數人推薦的店家。**新手第一隻入手的守宮會推薦在實體店面購買，除了可以現場看到實體，也能讓店員親自向你解說飼養方式。**

　　另外購買前請先審視一下店家提供給守宮的飼養環境，有一些非專門的店家只是爲了多一點營業項目而兼賣爬蟲動物，在這種情況下守宮都不會得到太好的照顧，其專業度與爬蟲專門店有很大的落差。

爬蟲店內展示各種不同品系的守宮。

爬蟲店內可以買到各種飼養守宮所需的用品。

資深玩家

可以先加入 Facebook 的守宮同好社團,例如:**守宮迷**,這是目前台灣交流最頻繁的守宮同好社團,裡面有許多資深的守宮玩家。常見的豹紋守宮、肥尾守宮、瘤尾守宮以及各種樹棲守宮都有專門的玩家在繁殖。他們常會在社團分享自己繁殖子代的照片,多數都有在販賣自繁的個體。**可以私底下詢問,或是搜尋別人推薦的守宮賣家。**跟專門的繁殖者購買後,若是後續對購買的守宮有飼養問題,也都可以向繁殖者請教,另外 **Facebook 社團目前都禁止活體買賣,所以不要直接在社群平台上發守宮徵求文!**

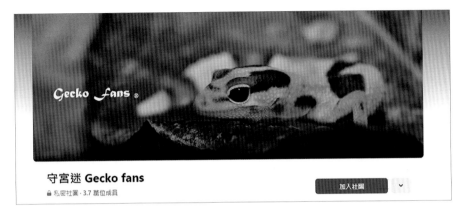

守宮迷 Gecko fans
🔒 私密社團 · 3.7 萬位成員   加入社團

「守宮迷」是台灣目前最多守宮同好交流的社群。
| 照片提供：Ricky |
| 網址 | https://www.facebook.com/groups/Geckofans/

領養

　　有些飼主會因各種因素無法繼續飼養守宮，所以會在社群平台上發文提供領養，在詢問能否領養時記得要保持禮貌，還有要做好評估，不要因為是不用錢的守宮就想要領養。

　　一般都會要求想領養的人，提供現在飼養環境的照片參考，以避免守宮被不當飼養。還有**一般領養的守宮都會禁止轉賣**，若領養後因故無法飼養的話，可以跟前飼主反應，一般會由前飼主領回或是經過前飼主同意後，再選擇其他有意願領養的人幫忙接手。

實體展覽

　　近年來有越來越多兩棲爬蟲相關的展覽，規模都很盛大，也會有許多守宮繁殖玩家參與，在展覽上找尋自己心儀的守宮，是一個不錯的購買管道。

　　豹紋守宮相對於其他爬蟲類來說算是很好繁殖的物種，所以價格十分親民，一般品系價格約落在數百元到一萬元左右，但即便是相同的品系，價格也會因為個體表現而有很大的落差。守宮的價格也與性別、年齡大小、個體是否有瑕疵、是否為產季等有很大的關係。

　　最後提醒，不管是在實體店面或是網路購買，**若是帶回家飼養後發現守宮有任何異狀，除了預約獸醫師看診外，最好先詢問賣家**，因為個體的狀況除了你以外最了解的人就是前一任主人。另外對於自己售出的個體有飼養問題，賣家一般都很樂意解答，所以在購買守宮後，如果飼養上有出現任何問題，在爬了文之後還是有疑惑，都可以向賣家詢問。

台灣的爬蟲展覽逐漸盛大，可以看到不同種類、品系的守宮。
｜照片提供｜紫壁虎

04 與爬蟲同好交流的禮儀

在網路世界中，如何正確而有禮貌地交流、分享，並且尋找到合適的資訊和建議，是每位守宮愛好者必須注意和學習的事情。

在網路上找到同好

網路社交平台的發達，讓你可以輕易在網路上找到有相同興趣的朋友，在 Facebook 與 LINE 社群都有許多爬蟲類的交流社團，多數爬友也會

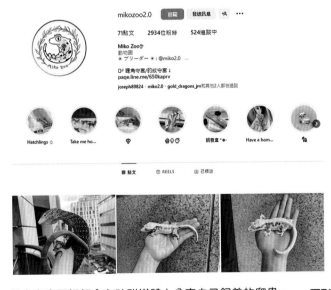

很多爬蟲同好都會在社群媒體上分享自己飼養的爬蟲。
│ 照片提供 │ Miko Zoo
│ 網址 │ https://www.instagram.com/mikozoo2.0/

在 Facebook 或 Instagram 建立粉專帳號，除了分享自己繁殖的守宮外，也會分享守宮生活的點點滴滴，可以使用「**爬蟲類**」、「**守宮**」相關的中、英文關鍵字或是 TAG 來搜尋。

遇到問題時可以先爬文

加入 Facebook 的社團後，除了分享自己守宮可愛的生活照外，最主要的功能就是與其他飼主交流飼養資訊，如果飼養上遇到問題，在社團發文詢問都可以得到熱心爬友的解答，但是**大家都不太喜歡回答只想當伸手牌的人**（完全不先爬文就發問，只希望別人來告訴他答案）。在發問前可以先善用社群平台的搜尋功能，查看以前是否有類似內容的討論串，如果看完後還有疑問時再發問比較好。

交流時保持禮貌與尊重

網路社群是一個共享的空間，大家可以在此交流、學習和分享經驗，但來自於不同地方的我們可能有不同的背景、觀點和經驗，所以**在交流時即使我們不同意某人的意見，我們也應該尊重他們的權利去表達自己**，也應該避免傷害人的話語。有時候會看到社團有人因守宮受傷而發文求助，請不要去指責飼主為什麼沒有照顧好守宮甚至辱罵他，或許大家看到守宮受傷都很憤憤不平，但我們都不知道飼主經歷過什麼事情，這些對於飼主都是二次傷害，如果你無法提供一些意見給他，只要在他的貼文底下留一

句「加油，希望守宮早日康復。」對於飼主就是莫大的鼓勵。

另外飼養守宮的方法有千百種，只要能把守宮飼養好就是一種好養法，若是看到有人飼養方式跟自己不同，可以理性討論、交流意見，若有與自己反面的意見也請理性看待，不要把自己的想法強加在別人身上。

如果同樣一個問題有 A、B 兩位分別回應不同的答案時，哪個答案是正確的，自己心中有譜就好，不要拿 A 網友說的答案去質疑 B 網友說的答案是錯的，這在爬蟲圈內是一種很沒禮貌的行為。一個能跟同好交流的社團難能可貴，若是大家都能釋放一點點善意與理性，社團交流的風氣就能變得更好，共勉之。

100 個飼主有 100 種飼養方法，只要能將守宮飼養好都是好方法。

05 挑選適合自己的豹紋守宮

　　第一步，先觀察守宮的健康度，可以看**四肢與尾巴是否健全、眼睛是否飽滿明亮、是否有沉積物**等等。

　　另外，還要觀察**嘴巴鼻子邊緣有沒有受傷或是結痂的痕跡**。在購買剛出生的守宮時也要注意身上是否有沒脫完的皮，個體如果剛出生沒多久且皮沒有脫完，通常個體都不會很強壯。如果看到守宮眼睛緊閉、骨瘦如柴、尾巴很纖細，應該都是生病很久的守宮，不要因個人的同情去購買狀況不佳的守宮，這只會讓賣家覺得販賣生病的爬蟲有利可圖，最後變成惡性循環而已。

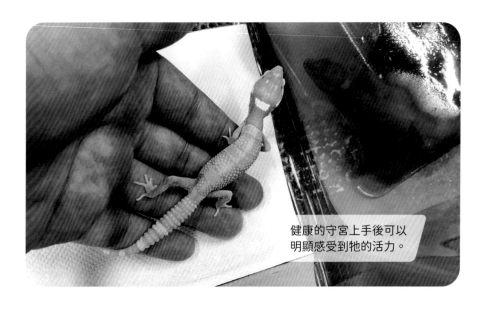

健康的守宮上手後可以
明顯感受到牠的活力。

再來是觀察**守宮的活力**，在實體店面購買時，可以請店員抓一下個體讓你觀察，一般守宮上手後都會想要逃跑，如果上手後表現出病懨懨的樣子，而且還四肢癱軟，建議就不要購買。

健康的豹紋守宮看到食物都會直接撲過去咬，如果**守宮愛吃不吃的就不要購買了。**可以現場請店員餵食給你看，**與網路賣家交易時也可以請賣家拍餵食影片。**另外，拍完餵食影片後可以請賣家隔兩天，等守宮消化完後再寄送，若現場請店員餵食後，帶回家也要注意運送過程中不要劇烈搖晃，避免守宮在運送過程中嘔吐。強壯健康的個體一般都很好帶大，即便是 1 ～ 3 個月的亞成體，對於新手也可以放心挑戰，只需要注意餵食的餌料大小即可。

如果是初學者想把守宮當寵物飼養，**建議可以先購買公的**，因為母的守宮在發情時有挾蛋症的風險，對於新手而言比較不好處理。若體型也是考量因素的話，在正常飼養下，雄性豹紋守宮會比雌性豹紋守宮大。

健康強壯的豹紋守宮。

品系的部分可以找自己看順眼的，但是有一種叫做「**檸檬霜**」的品系要避開，這種品系可能會有腫瘤風險，還有「**謎**」這個品系的個體容易會有走路歪斜、獵食不準的問題，新手不建議飼養這兩種品系。如果自己無法分辨，購買前可以先詢問賣家，個體有沒有出現類似「謎病」的症狀或是不是檸檬霜，如果賣方無法保證的話就不要購買。另外，有些店家販賣時會說不分品系販售，**可以直接跟店家說不要有檸檬霜或是謎病的個體。**

　　因活體健康狀況有很多不可控的因素，所以活體售出後一般都不會給退換，在購買當下需多加確認守宮的健康狀況，若是對守宮的健康或是品系有疑慮就不要購買了。

　　如果家裡的守宮無法繼續飼養時，可以詢問認識的爬蟲店是否能回收照顧，或是可以在社團發領養文，讓其他爬友接手照顧，非常不建議直接送給沒有照顧經驗、單純只是想飼養嘗鮮的朋友幫忙，守宮可能會無法得到妥善的照顧。

謎病的守宮因平衡感不好，所以走路會歪歪斜斜的。

06 認識豹紋守宮的品系

　　豹紋守宮不僅有著美麗的外表，更有著複雜且神秘的遺傳學背景。不同的品系、基因組合和精心選育，使得每一隻豹紋守宮都獨具特色，成為飼主眼中獨一無二的特別寵物。在本單元中，將解說豹紋守宮的不同品系、常見的顯性和隱性基因，以及守宮的選育技巧。藉由以下的解說，希望能夠帶給大家全面且深入的認識。

常見的顯性基因

　　守宮常見的顯性基因有 **W&Y 和謎**。「**W&Y**」全名是 **White & Yellow**，近年 W&Y 已經成為炙手可熱的品系，其特色可以讓守宮的顏色變得更淡、更亮，與 W&Y 結合的品系，可以使守宮的顏色千變萬化，即使是同一種品系的豹紋守宮也可以有截然不同的變化，有少數 W&Y 會有搖頭晃腦的症狀，購買前可以請賣家拍個影片看看。

雪花日蝕。

W&Y 雪花日蝕的顏色表現比一般雪花日蝕的顏色還淡。

「謎」也可以讓守宮的顏色與斑點產生極大的變化，能讓個體的顏色變得更濃郁及產生漂亮的斑紋，與部分的基因組合也會讓尾巴變白，曾經是一種熱門的品系。但因常常伴隨著「謎病」的症狀，會讓個體捕食不準、平衡感差，近年來已經沒有什麼人在培育「謎」相關的品系。

此為日蝕謎，有「謎」基因的守宮身上通常都會有許多細小的黑斑。

　　另外還有一類屬於不完全顯性基因*，具有成對不完全顯性基因的個體稱為「超級模式」，與單個不完全顯性基因有著截然不同的花紋顏色表現。兩隻具有單個不完全顯性基因的個體交配，就有機會生下「超級模式」，**目前已知的有「馬克雪花」與「檸檬霜」。**

馬克雪花。

超級雪花。

---

*在爬蟲培育圈，多數都用共顯性或是等顯性基因來稱呼，但定義上比較接近不完全顯性，兩者在培育守宮的用語上皆是指同樣的基因類型，本書皆以「不完全顯性」稱呼。

超級雪花的眼睛，為全黑看不見瞳孔的表現。

沒有白化的檸檬霜瞳孔也會呈現白底的表現。

「馬克雪花」是由紫色與綠色、黃色等色系及不規則的黑斑組成，而超級模式的「超級雪花」則是可以讓守宮的個體呈現紫底黑斑的表現，同時眼睛也會變成全黑眼。

「檸檬霜」也是一種不完全顯性基因，其顏色會呈現濃郁的螢光黃，眼睛則會呈現特殊的白色，顏色非常的漂亮，也有「超級模式」存在。但是因為這種外觀變異主要來自於色素細胞的異常增生，所以檸檬霜個體皆有機率會產生腫瘤且無法根治，在飼養這種品系前需要多加衡量。

檸檬霜的身體會有強烈的螢光黃表現。

常見的隱性基因

　　守宮的隱性基因常見的有「白化」與影響眼睛變化的「日蝕」、「大理石眼」、「慾望黑眼」，以及「暴風雪」和「莫菲無紋」。豹紋守宮的白化並非完全的白化，屬於 T+ Albino，是由於酪胺酸酶的作用受到部分抑制，所以顏色多為粉色、棕色等，而非完全沒有黑色素的白化症（T- Albino）。

　　目前豹紋守宮的**白化共有 3 種：川普白化、貝爾白化、雨水白化**。3 種白化各具特色，而且是屬於不同的系統，例如：用川普白化與貝爾白化互相交配，只會得到野生色的豹紋，同時因為眼睛缺少黑色素保護，所以十分畏光，**再次提醒要避免用強光照射有白化基因的守宮。**

白化品系的眼睛可以看到明顯的血絲。
│ 照片提供 │ NHD 生態造景

川普白化。　　　　貝爾白化。　　　　雨水白化。

白化守宮會畏光

那、那是⋯⋯太陽？

居然到這個時間了嗎？

啊啊！我們是不能見光的脆弱白化種！

不可以！這樣下去的話⋯⋯

所

以

說

妳們整晚在黑漆漆的房間裡看動畫，當然會這樣吧！別老是推托以前的習性，

快點去刷牙、洗臉吃早餐！

之呼吸！

是⋯⋯

041

「日蝕」是一種最常見會影響守宮眼睛的品系，會使守宮的眼睛呈現全黑，或是全黑中帶有白色碎片，俗稱「蛇眼」的表現。如果與白化結合的話，眼睛就會呈現酒紅色或是寶石紅的顏色。日蝕同時也會使守宮四肢與鼻頭呈現無斑的樣子，另外雖然超級雪花或是部分暴風雪的個體也會有黑眼或是蛇眼的表現，但不代表個體帶有日蝕的基因。而其他主要眼睛變異的基因有「**大理石眼**」、「**慾望黑眼**」等等，而部分有眼睛變異基因的個體，視力表現會比一般的守宮還要差。

日蝕。

一半黑色和一半白色的眼睛表現俗稱為「蛇眼」。

慾望黑眼的視力比一般的豹紋守宮差一點。
｜照片提供｜王信富

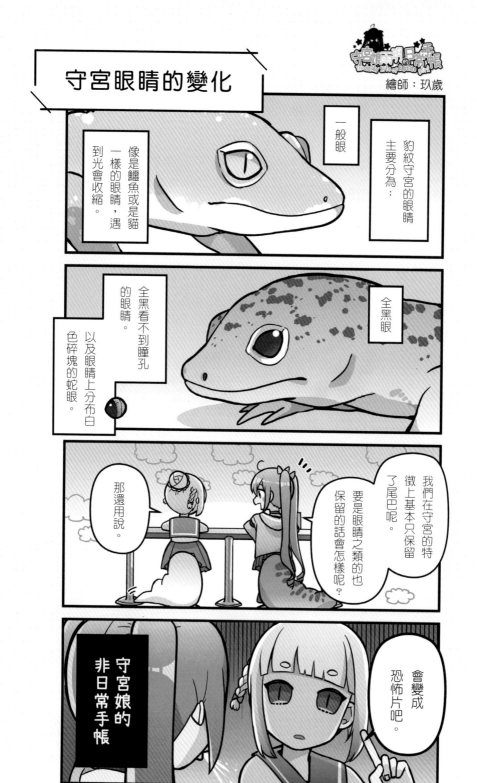

守宮眼睛的變化

繪師：玖歲

豹紋守宮的眼睛主要分為：

一般眼

像是鱷魚或是貓一樣的眼睛，遇到光會收縮。

全黑眼

全黑看不到瞳孔的眼睛。

以及眼睛上分布白色碎塊的蛇眼。

我們在守宮的特徵上基本只保留了尾巴呢。

要是眼睛之類的也保留的話會怎樣呢？

那還用說。

會變成恐怖片吧。

守宮娘的非日常手帳

043

「暴風雪」與「莫菲無紋」都會讓守宮的花紋消失，只保留底色的部分。**暴風雪**剛出生時會呈現銀灰色，部分個體會帶有一點黃色的表現，而這個黃色的部分與白化結合之後會更加明顯，所以常常可以看到白化的暴風雪身上有明顯的黃斑。暴風雪也會讓守宮的眼睛產生變異，會使守宮的眼睛產生全黑眼或是蛇眼的表現，有特殊眼的暴風雪不一定有日蝕基因。

「莫菲無紋」俗稱「輕白化」，雖然名稱有白化，但實際上並不是真正白化的表現，幼體時還會有一些紋路，但在長大後會完全消失，個體呈現墨綠色的表現，與白化結合之後則會變成亮黃色。

莫菲無紋，俗稱「輕白化」。

莫菲無紋的幼體身上會有明顯的斑塊，到成體時就會消失。

暴風雪與莫菲無紋這兩種基因，在外觀表現上比其他的基因還強烈，輕白化或暴風雪與白化、雪花結合後，外觀還是會維持暴風雪或是莫菲無紋的樣子，最多只有身體的顏色會有些改變而已。

暴風雪川普白化日蝕，俗稱「惡魔白酒」。

與超級雪花結合的暴風雪，外觀還是呈現暴風雪的樣子。

守宮選育品系

除了前面介紹的顯性與隱性基因外，豹紋守宮還有許多選育的品系，都是透過時間長久累積，經過不斷的選育、純化，最後才得到培育者心中理想的個體。

守宮選育的流程大致可分為三個步驟：

目標確立 > 選育 > 純化

在培育目標確立後，就可以開始進行選育，透過第一代種公種母的繁殖後，從中挑選出符合自己期望的子代，在進行回配或是繼續繁衍下一代。在經過多代的選育後，若可以產生穩定的後代表現，這就可以算是一種新品系的誕生了，一般培育的過程需要非常長久的時間與投注極大的心力才能完成，短則 5、6 年，長則 10 年以上。

而目前常見的豹紋守宮選育基因多為不同色系的選育，例如：**橘化、黑夜與日焰**。現今市面上已經有多種品質優良的選育**橘化**，例如 Urban 的龍捲風、HISS

橘化色系。

黑夜色系。
| 照片提供 | 王信富

體色濃郁的日焰。

的電子橘化、Didiegecko 的蜜橘、JMG 的 Blood 等等。**黑夜**則是由荷蘭培育家花了近二十年的時間進行黑化選育，經過多年的積累，黑夜後代的表現也都趨於穩定。**日焰**雖然是橘化、超級少斑、蘿蔔尾、白化等基因的組合品系，但是大多數玩家都會以培育體色濃郁的日焰當作是選育目標，也可以算是選育品系的一種。

守宮基因的遺傳法則

遺傳學在決定生物多樣性的過程中扮演著關鍵的角色。本單元主要介紹豹紋守宮相關的遺傳學計算，帶你了解這些計算背後的複雜性。

W&Y 超級雪花（下）與超級雪花（上）。
| 照片提供 | Miko Zoo

顯性基因：1 隻有顯性基因的守宮，與一般的守宮配對的話，後代就會有 50% 的機會有顯性基因的表現，例如：左圖中的 W&Y 超級雪花與超級雪花交配，生下來的子代會有一半的機率遺傳到 W&Y。

馬克雪花（左）與超級雪花（右）。
| 照片提供 | Miko Zoo

不完全顯性基因：當 2 隻都有不完全顯性基因的守宮交配時，則可能會產生表現成對等顯性基因的後代，最常見的就是馬克雪花（左圖左）。

　　1 隻馬克雪花與其他沒有馬克雪花基因的守宮配對後，生下來的子代有 50% 的機率是馬克雪花，而 2 隻馬克雪花配對後，除了繁殖出馬克雪花外，還有 25% 的機率會繁殖出超級雪花。

　　而超級雪花與一般的品系配對後，生下來的子代 100% 會有馬克雪花的基因，所以如果想讓守宮能穩定遺傳到馬克雪花的基因，種公或種母其中一方可以選擇有超級雪花基因的來培育。

　　隱性基因則比較複雜，子代需要父母雙方的基因同時帶有同樣的隱性基因才能夠表現出隱性基因的性狀。下面用最常見的隱性基因——以白化豹紋守宮來舉例。

一對白化豹紋守宮。
│照片提供│ Miko Zoo

白化與高黃。
│照片提供│ Miko Zoo

　　與計算人類的血型一樣，我們可用表格快速計算出各種基因組合的子代機率。**假設白化（Albino）的單基因組為 a，而 1 隻守宮必須要有成對 aa 基因，外觀才會呈現出該隱性基因的樣子。**當 1 隻白化的守宮跟另一隻白化的守宮配對，所生出來的子代外觀表現都會是白化，機率為100%，計算表格請見 48 頁。

白化 \ 白化	a	a
a	aa	aa
a	aa	aa

　　而當 1 隻白化的守宮跟 1 隻野生原色（Normal，基因組爲 AA）的守宮交配後生出來的子代，則表現都會是野生原色，但都帶有 1 個白化基因 a，基因組寫作 Aa。一般我們會用 het（Heterozygous）來表示該守宮帶有什麼隱性基因，**原色帶白化就會寫作 Normal het Albino**。

原色 \ 白化	a .	a
A	Aa	Aa
A	Aa	Aa

如果用 Normal het Albino 再互相配對的話計算如下：

原色帶白化 \ 原色帶白化	A	a
A	AA	Aa
a	Aa	aa

　　表格顯示爲每 4 隻子代裡面只會有 1 隻白化（aa）跟 3 隻野生原色（AA、Aa）的守宮，而這 3 隻野生原色的守宮中只有 2 隻會帶有白化的 a 基因，但是無法從外觀來判斷，因此我們都會統稱這 3 隻野生原色的守宮爲 **66% het Albino**。

　　而這些 66% het Albino 的個體都必須透過繁殖來驗證，才可以確定是否帶有 Albino 的 a 基因。如果與白化配對後繁殖出的子代有白化表現的個體，那這隻 66% het 的守宮就可以被視為 **100% het Albino**。

　　那如果是 1 隻 Normal（AA）與 1 隻 Normal het Albino（Aa）繁殖所產生的子代，計算起來則是：

原色 ＼ 原色帶白化	A	a
A	AA	Aa
A	AA	Aa

　　也就是 4 隻子代中只會有 2 隻帶有單個白化 a 基因的個體，一樣無法從外觀判斷，我們就會將這些野生原色稱為 **50% het Albino**，而 50% het 的個體與 66% het 的個體一樣，如果經過繁殖驗證確定帶有白化基因，則可以將牠稱作 **100% het Albino**。

　　新的隱性基因剛推出時都會十分昂貴，多數玩家會選擇 het 的個體來培育，此時會**建議購買 100% het 的個體**，盡量避免購買需要運氣的 50% het 或是 66% het 會比較好。

　　而一般選育品系的基因多數是多基因遺傳，由多組基因來控制，1 隻很橘的橘化與一般的守宮配對，產下的子代不會表現都跟親代一樣好，大多數需與有同樣血統或是表現的個體配對，子代才能有穩定的表現。

Tips：基因計算

- 記住守宮顯性、隱性基因即可輕鬆計算子代的機率。
- aa 隱性基因個體與 AA 一般基因的守宮交配會產下帶有 Aa 隱性基因的個體。
- Aa 帶隱性基因個體互配，可能產下 aa 隱性基因的個體。
- 常見的 het 某某基因就是代表攜帶該隱性基因的個體，不會有 het 顯性基因的用法。
- 50% 與 66% 經過驗證後，若是證實 het 該基因則可以當作 100% het 的個體。
- 一般講 posXXX 代表是可能為某種基因的意思，通常用在較不易區分特徵的品系上。
- 有些玩家販賣的個體會寫 XXX cross，通常是指親代其中一方是某個血系，例如：黑夜 cross 就是指黑夜配非黑夜所產下的後代。
- 若是覺得豹紋守宮的基因計算很複雜，可以網路搜尋「豹紋守宮基因計算器」，只要輸入親代對應的品系，就可以得到產下子代各品系的機率，對於培育守宮的初學者非常方便。

07 野外的豹紋守宮
豹紋守宮的近親

豹紋守宮最早是 1854 年由 Edward Blyth 發表，學名是 *Eublepharis macularius*，屬名 *Eublepharis* 就包含了「**眼瞼**」的意思，擁有眼瞼即是豹紋守宮的一大特徵。最初的發現地點是在巴基斯坦的旁遮普省，廣泛分布在中亞地區，阿富汗、伊朗、伊拉克、巴基斯坦、印度等地區都有發現紀錄。

大多數的豹紋守宮棲息於布滿石塊的岩礫荒漠地區，也有少數豹紋守宮是棲息於較為濕潤的林地、灌木叢之間，而其分布海拔從 50 ～ 1000 公尺以上都有活動紀錄。而豹紋守宮在白天炎熱的時候都會躲在岩石的夾縫或是枯木底下，等到黃昏的時候才會開始活躍，並於夜間捕食一些體型較小的昆蟲。

目前 *Eublepharis* 屬共有 7 個不同的物種，而市面常見的 *Eublepharis macularius* 底下又有分 4 個不同的亞種，分別為**原名亞種**（*Eublepharis macularius macularius*）、**帶斑豹紋守宮**（*Eublepharis macularius fasciolatus*）、**山地豹紋守宮**（*Eublepharis macularius montanus*）及**阿富汗豹紋守宮**（*Eublepharis macularius afghanicus*）。

而同屬的成員有以下幾種：
- 土庫曼豹紋守宮（*Eublepharis turcmenicus*）
- 伊朗豹紋守宮（*Eublepharis angramainyu*）

- 東印度豹紋守宮（*Eublepharis hardwickii*）
- 彩繪豹紋守宮（*Eublepharis pictus*）
- 西印度豹紋守宮（*Eublepharis fuscus*）
- 中印度豹紋守宮（*Eublepharis satpuraensis*）

　　目前豹紋守宮的 **4 個亞種**與**土庫曼豹紋守宮**在市面上並不常見，在亞種中除了**阿富汗豹紋守宮**體型上有明顯的特徵外，剩下亞種間的區別僅是花紋間的差異而已，因其表現也與一般高黃或是馬克雪花接近，也不容易與這些品系做出區別。

原名亞種

帶斑豹紋守宮

山地豹紋守宮

阿富汗豹紋守宮

土庫曼豹紋守宮

　　伊朗豹紋守宮主要分布於伊拉克、伊朗、土耳其和敘利亞等地區，此物種為所有 *Eublepharis* 屬裡面最大的，體長可以達到 30 公分以上，平均體重則都在 100 公克以上，個體需要 2 ～ 3 年左右才會性成熟。目前此物種共分了 4 個不同表現的地域種，分別為克爾曼沙阿省、伊拉姆省、胡奇斯坦省（此產地有 2 種不同的表現，分別產於胡奇斯坦省內的馬斯吉德蘇萊曼與恰高‧占比爾），顏色表現大多有著明亮的黃色表現並參雜著數量不一的黑斑，而部分產地表現會像是豹

紋守宮的白化一樣，有著粉
色的斑塊表現。

伊朗豹紋守宮。

　　印度的豹紋守宮多半生活在溫暖潮濕的林地裡，**東印度豹紋守宮**從印度東部到孟加拉都有分布紀錄，與一般豹紋守宮不同的是，東印度豹紋守宮棲息於更潮濕的林地之間，身體顏色大多呈現深棕色及橙黃色條紋

東印度豹紋守宮。

狀，特殊的花紋也讓牠在印度當地被認爲是有毒的生物，被稱作「Kalakuta Sapa」，亦即「帶來死亡的蛇」。一般飼養上與豹紋守宮大致相同，只是需要提供一個保持濕度的躲避處給牠們。

另外，原產於**安得拉邦和奧里薩邦的東印度豹紋守宮**於 2022 年經分子鑑定認爲是一個**獨立物種**，學名爲 *Eublepharis pictus*，俗稱爲**彩繪豹紋守宮**，外觀與東印度豹紋並無太大差異。

西印度豹紋守宮主要分布於印度西部地區，主要是棲息於森林茂密的山地中，身體花色一般爲深棕色與黃褐色，花紋則會呈現特殊的網格狀，西印度豹紋守宮表皮的疣狀鱗片會比一般的豹紋守宮更爲細緻，因此摸起來的手感會更爲滑順。

中印度豹紋守宮則是 2014 年於印度中央邦新發現的豹紋守宮，體色也近似於一般豹紋守宮的白化，但褐色的部分更深邃，目前市面上已經有少許人工繁殖的個體出現。

西印度豹紋守宮。

中印度豹紋守宮。

豹紋守宮的原生地與習性

繪師：玖歲

給守宮一個
舒適的家

08 挑選適合守宮的家

　　一般市面上的飼養箱種類繁多，挑選時要注意飼養箱本身是否透氣，箱子的面積建議至少 30 × 20 公分，飼養箱的高度要大於 15 公分，飼養箱最好挑選能牢固蓋緊的種類，確保守宮不會逃脫。也不建議選擇過大的箱子，若是空間過大且內容環境布置單調，容易讓守宮感到緊迫（Stress）而拒食，表面積 40 × 30 公分的箱子就很適合飼養一隻守宮，另外混養豹紋守宮會造成守宮緊迫、疾病傳染等問題，所以飼養**管理上需要採用 1隻 1 籠**。

　　下面介紹一些市面上常見的飼養箱種類：

水族寵物箱

　　最常看到的寵物箱之一，在甲蟲店、水族館等寵物專賣店就能買到，務必測試蓋子是否能蓋緊，避免守宮逃脫。

水族飼養箱。

塑膠飼養盒

　　這是市面上常見的一款飼養
盒，**價格便宜且耐用**，顏色有透
明和黑色，建議選擇黑色的，
**昏暗的空間可以讓守宮感到
比較安心**，尺寸上選擇特大
號的箱子即可，另外該廠商也還
有推出適合各箱子的躲避屋，若預算
有限這是一個 CP 值不錯的選擇。

特大號飼養箱。

壓克力飼養箱

　　**以壓克力製成的爬蟲飼養箱，是質感派的首選，常見的有拉扣式跟磁
吸式的**，一般中型尺寸（約 30×20×15 公分）只能勉強飼養 1 隻成體或

是亞成體，若是條件允許或守
宮體長 24 公分以上，則須購
買大號的壓克力箱飼養（約
40×30×20 公分），避免守
宮伸展空間不夠或是被加溫片
慢性燙傷。

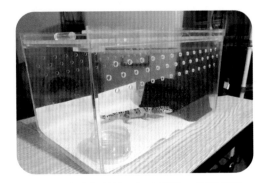

中號的壓克力飼養箱，適合飼養一隻亞成體。

爬蟲飼養缸

以玻璃製的飼養箱，如果想要幫豹紋守宮造景，這種飼養箱就是一個不錯的選擇，一般飼養可以購買 1.5 尺的爬蟲缸就夠了，若要造景的話，則可以購買 2 尺以上的爬蟲缸。使用爬蟲缸時要注意**加溫片的擺放**，避免讓爬蟲缸直接重壓在加溫片上，長時間的重壓會導致**加溫片燒熔**。

一尺半的爬蟲缸，適合飼養成體守宮。

守宮飼養櫃

如果想要規模化飼養，可以選擇訂製守宮的飼養櫃。社群平台上有許多專門製作飼養櫃的工作室，都有一定的水準與客製化能力，可以先和商家討論自己的需求，訂製最適合自己的守宮櫃。注意如果用守宮櫃飼養的話，一定要**串接溫控器**來控制溫度，避免加溫片過熱導致**守宮熱衰竭**死亡！

守宮櫃可以規模化飼養守宮，提升飼養效率。
｜攝影協力｜蛇蟒懂蜥

自製飼養箱

有一些飼主會想要自己動手 DIY 爬蟲飼養箱，市面上常見的一些**收納箱、收納櫃**在改造後也都可以拿來飼養豹紋守宮。改造時需要特別注意**通風問題**，可以用電鑽給收納箱多鑽一點洞，或者用紗網加工來增加通氣性，但要特別注意透氣孔不要太大，不然蟋蟀或是小紅蟑很容易從透氣孔逃脫。

可以購買合適大小的收納箱，DIY 製作守宮飼養箱。

09 布置守宮喜歡的環境
適合的底材與布置

基本款的守宮環境布置。

　　豹紋守宮的主要棲息地是屬於**岩礫的荒漠地形**，並不是完全的沙漠，所以飼養上還是需要給予水分，可以放置**水盆**讓守宮自行取用。放水盆的好處是守宮要脫皮時，可以在水盆裡浸泡**軟化舊皮**，水盆要選擇重一點的材質，防止守宮踢倒。

　　水盆的水位高度不要太高，最好是守宮**四隻腳站立的高度**，有一些守宮會有在水盆排泄的習慣。每天都要檢查換水，水盆也不能放在加溫片正上方，因為會讓**水分蒸發快速**，容易導致**飼養箱濕度過高**。如果不放水盆的話，可以採用**每天噴水**的方式幫守宮補充水分。

水盆可用塑膠或是玻璃製的容器，市面上也有販售爬蟲類專用的水盆。

可以在飼養箱上噴水幫守宮補充水分。
│ 照片提供│ 王信富

豹紋守宮是**晨昏型**的動物，在野外，牠們白天都會躲在岩石的夾縫或是洞穴裡，所以**「躲避屋」**是飼養的必需品，可以大幅增加**守宮的安全感**。

市面上躲避屋的選擇很多，考慮自己的預算與空間大小，選擇最適合的躲避屋即可。有一般塑膠製的躲避屋，價格便宜好清洗，缺點是重量過輕，守宮可能會把它踢翻，也有仿真的岩洞躲避屋，這種躲避屋的好處是守宮脫皮時有地方可以磨皮，而且重量夠重，守宮也不容易踢翻；缺點是如果有排泄物沾黏在上面會不太好清理，價格也比塑膠躲避屋高了不少。市面上有販售**一體成形的岩板與岩石躲避屋**，可以提供守宮接近野外原生的環境，是一個不錯的選擇。

各種造型的躲避屋。

底材的選擇，一般可以使用**餐巾紙**或是**園藝用的赤玉土**。豹紋守宮有**定點大便的習性**，所以清潔上很方便，只要挑掉排泄物或是換掉餐巾紙就好了。**餐巾紙**是最好取得的底材，價格便宜且使用方便，但缺點是有些視力不好的品系，容易誤把餐巾紙當作食物咬住。還有一些活動力強的守宮，常常把餐巾紙當作土一樣挖掘，就會很容易被撕碎，同類的底材還有寵物專用的尿墊，吸臭、吸水能力更強，只是價格稍貴。

而**赤玉土**是可以提供較**多功能的底材**，因為豹紋守宮有**挖掘的習性**，用赤玉土可以讓守宮盡情地挖掘，同時也具有良好的吸水性和吸臭力。如果守宮有排泄的話，只需要用夾子把排泄物夾出來就好，但缺點是守宮在半夜挖掘底材時會有點吵。還有守宮的腹部容易沾上塵土，在購買赤玉土時請購買**顆粒最大的尺寸**，不要使用小顆的赤玉土，不然**守宮容易誤食**。

椰纖土也是不錯的底材選擇，用天然的**椰子纖維製成**，缺點是容易被守宮誤食，

餐巾紙是容易取得也方便使用的底材。

使用赤玉土時要記得選用最大顆的尺寸。

椰纖土具有一定的保濕能力，也能讓守宮挖掘。

邊角銳利的木塊不適合當作守宮的底材。

爬蟲沙不適合用來飼養豹紋守宮，容易造成腸胃阻塞。

若守宮誤食豆腐沙容易導致腸胃阻塞。

建議可以在飼養箱的下層鋪椰纖土，上層鋪大顆的赤玉土，讓守宮追逐蟋蟀時較不容易誤食椰纖土。最後要注意的一點是，使用**土類的底材**時，若守宮**不太願意吃飯**同時**活力也下降**時，建議先將土類底材換成**餐巾紙**，才能方便**觀察糞便**是否有異常。

若是使用赤玉土或是椰纖土這種底材，即便有把排泄物挑出來，但可能還是包含了一些細菌或是寄生蟲卵，建議 **1～3 個月就全部倒掉**，將箱子徹底清潔後再換上新的底材。

另外，底材應該避免使用**邊角過於尖銳的木塊**等，容易刺傷守宮的身體或眼睛。還有不能使用**爬蟲沙飼養**，豹紋守宮的天性會舔沙來補充鈣質，有些守宮會不受控制的一直舔，最後造成腸胃堵塞死亡。一些**遇水會膨脹的材質**也請不要使用，例如：養貓用的**豆腐沙**，守宮如果誤食的話很難自行排出，嚴重的話甚至會導致守宮死亡。

除了基本的躲避屋、水盆、底材以外，也可以在守宮的飼養環境裡擺一些不同的裝飾，這邊就需要提到一個名詞叫做**「環境豐富化」（後稱「環豐」）**，透過提供豐富的環境或是適當的刺激，讓動物有機會表現出與其自然棲息地中相同的行為，來增強和改善動物在人工環境中的生活品質，環豐也可以提高動物的心理和物理健康。

仿原生環境的守宮環豐。

環境豐富化主要分為以下 5 個面向：

1. 環境豐富化：透過改變或增加物理環境中的新元素（例如棲息地的布局、顏色、聲音、氣味等）來刺激動物的感官。

2. 社會豐富化：透過與同種或不同種動物的互動，為動物提供社會的刺激。

3. 認知豐富（也可稱行為豐富化）：透過訓練和解決問題的遊戲，提供認知挑戰，增強動物的思考能力。

4. 食物豐富化：透過改變獲取食物的方式，例如：讓動物需要「狩獵」或解開謎題才能獲得食物，來模擬其在自然環境中的飲食行為。

5. 感官豐富化：透過刺激動物的視覺、聽覺、嗅覺、觸覺和味覺來增強其感官經驗。

以下是豹紋守宮的環豐設計可以參考的建議與方向：

1　**環豐的布置不應該有能讓守宮卡住的地方。**例如：一些小木屋裝飾的窗口，任何裂隙或縫口的寬度都必須足夠小，避免豹紋守宮試圖進入並可能被卡住而導致受傷。若想要擺設一些轉蛋玩具或是布玩偶等，要確保大小是守宮吞不進去的，避免守宮誤食。但換個角度想，其實轉蛋玩具這些只能算是滿足飼主個人喜好的擺設，對於守宮本身並不具太大意義，建議還是以動物的需求與習性調整比較好。

2　**不建議放置像倉鼠滾輪這類的玩具。**豹紋守宮的行為模式與倉鼠並不相同，這些玩具可能會讓守宮感到恐慌或者受驚嚇；環豐很重要的原理，是依照動物的生態習性去布置其飼養環境，比較推薦使用適合豹紋守宮自然行為的裝飾，例如：提供可以攀爬的樹枝或者可進行挖掘的土盆。

3　**大小合適的烏龜曬台或是造景樹枝是不錯的環豐選擇，**可以提供守宮攀爬的機會。在使用這種較大的擺設時最好放在豹紋守宮無法輕易移動的位置。因為豹紋守宮本身非常善於爬行和探索，如果布置的環豐物品可以輕易地被推動或者移動，甚至可能會造成物品的翻覆，守宮都會有被壓傷的風險。

烏龜曬台也可以給守宮使用，提供攀爬的機會。
│照片提供│簡宜婷

④ 除了基本的躲避屋，**有個能隨時提供守宮濕度的地方也很重要，**可以用一個小盒子裝滿濕潤的椰纖土，加上蓋子後在上面開一個洞，除了提供給守宮躲藏，也能讓守宮可以挖掘。有些守宮會喜歡在盒子裡排泄，所以要定期清理和更換盒子內的椰纖土，以保持環境的清潔衛生。

正躲在濕窩裡面的東印度豹紋守宮。

⑤ **如果飼養環境夠大的話，也可以考慮提供一些植物，**除了假植物，**空氣鳳梨**與**多肉植物**是不錯的選擇。需要注意植物光照的需求也可以挑選耐陰的品種。要避免任何可能讓守宮有中毒風險的植物。建議選擇好維護、生命力強且耐旱的植栽。若是需要常常澆水，導致環境濕度可能過高，會有黴菌滋生的問題。另外，不要將植物放置在加溫片的熱點上，長時間的加溫不利於植物生長。

容易照顧的虎尾蘭，是一種適合種於守宮飼養箱的植物。
| 照片提供 | 呱呱媽

⑥ **在歐美地區，多數飼主使用原生環境造景來飼養豹紋守宮，**同時使用**加熱燈**來當作熱源。當選擇使用加熱燈來維持環境溫度時，必須確保豹紋守宮有足夠大的空

使用加熱燈飼養豹紋守宮需要較多考量，不適合新手使用。

間來調節牠們的體溫，加溫的同時要有能躲藏的陰暗處，也需要注意溫度不能過高。需製造「溫度梯度」，意思是冷熱區溫度應該至少相差 5°C 以上，建議至少 3 尺大小的爬蟲缸，再考慮使用加熱燈，若沒有相關設置經驗，請詢問專業人士後再使用，避免加熱燈燙傷守宮。

⑦ **可以定時購買一些昆蟲活餌來讓守宮自己狩獵，能增加守宮活動意願，**避免身材過胖並維持良好的生理機能。活餌方面，推薦黑蟋蟀，不論是大小、營養成分各方面都很適合拿來餵守宮，需注意的是要挑選合適大小的黑蟋蟀，若在飼養箱中放置超過 1 小時沒吃掉的黑蟋蟀都需要拿出來，避免咬傷守宮。

⑧ **使用大型的爬蟲缸飼養時，如果環境太過空曠，布置內容物也很單調的話，容易造成守宮緊迫，**比較敏感的原生種守宮甚至會好幾週不吃飯。如果發現這樣的情況，可以嘗試先在飼養環境內多放置岩石躲避屋，再逐步進行飼養環境的豐富化。

⑨ **除了需要定期維護和清理外，還要定期檢查環豐的布置是否合適，**並且要避免掉任何可能造成守宮受傷的風險，記得安全和舒適是豹紋守宮環豐設計的首要考量。

10 守宮其實會怕冷
加溫設備的使用

　　豹紋守宮是屬於變溫動物，適合飼養的溫度是 25°C～ 32°C，在天氣寒冷的時候守宮行動會變得遲緩，消化也會變慢。在冬天的時候守宮都必須要用加溫設備保持一定的溫度，**如果溫度太低容易導致守宮會消化不良而嘔吐，**市面上爬蟲類專用的加熱設備有 3 種，分別是**加熱石、加熱燈、加溫片。**

　　加熱石提供的熱點較高，所以不適合給守宮使用，而**加熱燈**需要搭配較大的玻璃爬蟲缸使用，如果加熱燈距離守宮太近會造成燙傷，如果剛開始飼養爬蟲類沒有相關經驗的話，容易操作不當導致守宮受傷，若想使用加熱燈與爬蟲缸飼養豹紋守宮，建議洽詢有經驗的專業人士來協助設置。

陶瓷加熱燈與燈罩，初學者飼養守宮時不建議使用。

　　加溫片對於初學者是最好操作的加溫設備，市面上有多種瓦數與尺寸可以選擇，瓦數範圍大約 5 瓦～ 20 瓦，一般加溫片販賣的尺寸都是以 1 尺 30 公分為單位，也有 2 ～ 4 尺以上可以選擇。如果只是飼養 1 隻的話，只要使用 1 條 1 尺 8 瓦的加溫片就好，若是未來有計劃飼養更多隻的話，可以先規劃好飼養空間所需要的加溫片長度來購買。在購買前可以先向店家諮詢，來挑選適合自己飼養環境的加溫片長度與瓦數。

加溫片。

　　加溫片的使用方式是將飼養箱放在加溫片上即可，不能直接把加溫片放在飼養箱裡，使用加溫片時要**注意飼養環境要分冷熱區**，讓守宮可以自行選擇。而加溫片擺放的位置取決於守宮在冷區時尾巴會不會碰觸到熱區，一般熱區的大小約飼養箱的 1/3 就足夠了，也不能將加溫片鋪在整個飼養箱下面，**守宮長時間接觸高溫，可能會造成四肢或是尾巴慢性燙傷。**

加溫片的冷熱區分配參考。

加溫片要分冷熱區

繪師：玖歲

守宮在天氣冷的時候需要使用加溫片，

請將加溫片放在箱子的底部，範圍約1/3～1/2即可。

不用覆蓋整個箱子？

守宮是變溫動物，分冷熱區才能讓牠自己選擇合適的溫度喔。

選擇溫度⋯⋯

嗯！

來店裡的小孩

所以守宮會分為喜歡燒腦跟喜歡燒屁股兩種嗎？

哩工蝦？

　　加溫片的溫度可以達到 35℃～40℃，所以加溫片都須使用**調溫器**來做**溫度控制**，避免加溫片溫度過高而燙傷守宮，熱區溫度控制在攝氏 28℃ ～ 32℃，可以放置一個溫度計在飼養箱的熱區上粗略估計溫度即可，另外也可以放置 1 個溫、濕度計在飼養箱內，觀察日常的溫、濕度變化。

調溫器，也叫調光器，在網路平台都可以買到。

　　另外，調溫器使用久了容易壞掉，若是直接購買串接調溫器的加溫片，就需要自己手動更換電線，建議搭配**外接式的調溫器**來使用。調溫器主要是透過控制電流的大小來調整溫度，如果是採用**較長的加溫片**，不要使用**調溫器**串接，可能因**電流不足**導致**溫度無法上升**。

爬蟲類專用的溫控器。
| 照片提供 | 巢 Nest

　　這時可以採用**爬蟲類飼養專用的溫度控制器**，在爬蟲店或是網路平台都可以買到，一般守宮櫃也是使用溫控器來控制溫度，只要溫度探測頭偵測的溫度到設定的最高溫

溫控器的感測器須固定在加溫片上，若沒固定好容易導致溫度飆升。
| 攝影協力 | 蛇蟒懂蜥

時，就會斷電停止加溫；溫度下降到設定的最低溫就會通電持續加溫，使用時記得溫差設定不要調太低，否則溫控器會頻繁的跳切電源，使用久了溫控器會容易燒壞，詳細操作方式最好跟商家詢問清楚再做使用。再次提醒，使用**守宮櫃**飼養一定要搭配**溫控器**，不然容易造成飼養**環境過熱**，嚴重的話會導致守宮**熱衰竭**死亡！

在夏天，如果整天室內溫度都在 28°C ～ 30°C 以上的話，可以不用開加溫片，但如果飼養在冷氣房的話，還是需要使用加溫片，冷氣的風口也不要直接吹到守宮，建議可以放置一個溫度計在飼養箱裡的熱區，以便隨時觀察溫度。

要特別注意的是**如果飼養箱整體重量過重，不要直接將飼養箱放在加溫片上使用**，例如：使用玻璃爬蟲飼養缸或是造景缸飼養時，直接重壓在加溫片上，可能會造成加溫片電流無法順利通過而燒熔，可以考慮將加溫片貼在飼養缸上或是用硬幣將飼養缸墊高。

目前常見的爬蟲缸多數都有墊片的設計，只要能讓加溫片有縫隙可以順暢通過飼養箱的底部即可。還有加溫片是屬於**消耗品**，如果發現加溫片有**變形**或是**明顯的凹痕**就需要更換，避免**加溫片燒熔**。

要確保爬蟲缸不會直接重壓在加溫片上。

燒熔的加溫片。
| 照片提供 | 巢 Nest

如果吹冷氣的話守宮也要加溫！

繪師：背包

守宮是相當怕冷的生物，

即使在室內，守宮也會因冷而躲在窩內。

所以如果開冷氣的話，

也要開啟加溫片給守宮們保暖唷！

加溫片

舒服！

暖呼呼…‥

呼

給我把暖爐關掉！

驚嚇

驚嚇

驚嚇

11 守宮需要乾乾淨淨的環境

清潔的小知識科普

　　豹紋守宮具有**定點排泄**的習慣，多數會在飼養箱的一個固定角落排泄，日常只需要對排泄物跟沒吃完的餌料做清潔就好。使用餐巾紙當作底材只需要換掉髒的餐巾紙，而使用赤玉土、椰纖土飼養的，可以用夾子將排泄物挑掉，守宮的排泄物包含**黑色的糞便**與**白色的尿酸**，通常排泄完過1～2個小時後就會乾掉，可以用夾子輕鬆夾起。如果有餵食黑蟋蟀等活餌的話，隔天沒吃完也可以一併清理掉，不然**活餌有可能會咬傷守宮或是去吃守宮的排泄物而受污染。**

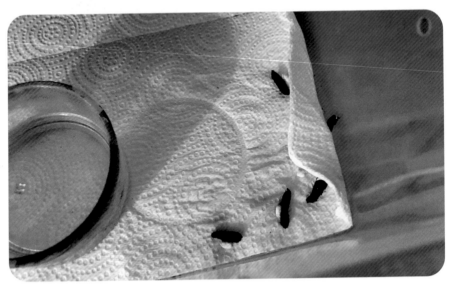

守宮會在飼養箱中的角落排泄。

除了每天的日常清潔外，建議**每3個月可以對守宮的飼養環境做1次大清潔**，將守宮的箱子用稀釋的漂白水、肥皂水或洗碗精進行清潔，放在通風處晾乾到沒有漂白水的刺鼻味後，就可以給守宮使用了。若環境允許的話也可以在清洗以後放在太陽底下曝曬一段時間，紫外線可以殺掉多數的寄生蟲或是細菌；守宮用的水盆、躲避屋與夾子可以用100°C的熱水浸泡30秒以上，也能殺掉多數的病菌與寄生蟲，記得先看看器具的材質是否能耐高溫，另外若是使用土類的底材也建議 每1～3個月全部更換1次。

如果家裡有飼養多隻守宮又有守宮生病需要隔離時，要特別注意**交叉感染的風險**。像是清潔用的刷子或是守宮用的器具都要獨立開來，在整理完隔離中的守宮或是使用過的物品後，在觸碰其他守宮前，雙手都要用肥皂徹底洗過或是使用橡膠手套避免傳染，**守宮的寄生蟲很容易因為飼主的觸摸而傳播開來**，處理時需要特別謹慎，最好是在照顧完其他健康的守宮後再照顧生病的守宮，可以降低傳染風險。

若原先有飼養守宮的箱子要讓新守宮入住，建議徹底清洗後再使用。

12 養守宮經常用到的小物品

飼主推推「這個好用到爆」

　　一些小物品可以大大幫助飼主為守宮營造舒適的環境，和日常的餵食與清潔。

不鏽鋼水草夾

　　在餵食守宮時，如果有 1 隻好用的夾子就可以讓餵食事半功倍。在水族館都可以買到這種不鏽鋼水草夾，一般有**彎夾**和**直夾**兩種，購買時選擇用起來順手的款式即可，尺寸的話建議買 **25 公分以上，在餵食時比較方便**。餵食時盡量避免守宮咬到夾子，夾活餌餵守宮時可以夾住活餌的身體，讓守宮進食時直接咬住活餌的頭部，讓守宮吞嚥更順利。

不鏽鋼水草夾在一般水族館都買得到，買一隻自己用起來順手的卽可。

灌食針

如果家裡的豹紋**守宮生病了要吃藥**，或是需要**喝益生菌、水**等其他流質食物時，如果是用一般的針筒會不太好餵食，這時候灌食針就可以派上用場了，搭配針筒使用可以**讓餵食藥品變得更好操作**，在網路平台上就可以購買得到。

灌食針可以在網路平台買到，可以搭配小號的針筒使用。

小型飼養盒

有時候要帶守宮出門時，會苦惱要用什麼樣的容器來裝比較好，還要擔心守宮會不會感到緊迫甚至是驚嚇到斷尾。這時候可以用這種小型的塑膠盒，大部分守宮的體型都可以用這種盒子帶出門，不用擔心盒子太狹小會讓守宮不舒服，反而**待在一個小空間裡守宮才會感到安全**，同時可以**避免讓守宮在運輸的過程中翻來覆去**。箱子的大小也很適合拿來作產卵盒或是躲避屋，具有非常多的用途。

小型飼養盒。

充電式電鑽

　　如果需要自己將收納箱改造成守宮飼養箱的話，免不了會有大量鑽孔的環節，有些人會採用俗稱「電烙鐵」的電焊槍來完成，但塑膠燒熔的味道非常不好聞且會有毒氣的產生，不是一個最佳的選擇。此時一隻小型的充電式電鑽就是你的好夥伴，可以**快速的完成鑽洞的工作**，也可以**搭配圓穴鑽來做各種加工**。另外一般的打孔會建議打在飼養箱的蓋子或是上緣，避免守宮挖掘底材時，灑出來或是讓活餌有機會跑出來。

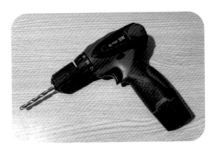

充電式電鑽。

紅外線測溫槍

　　加溫設備有使用溫控器的話，守宮飼養箱裡的熱區難免會有**溫度落差的情形**，不同的材質具有不同的導熱效果，甚至外在環境的溫度、通風程度也會影響飼養箱熱區的溫度，就算是用同樣的溫度設定，守宮飼養櫃的溫度也會比一般放在桌上，或是架子上飼養的溫度還來得高一些。

　　如果只是放一個溫度計在飼養箱內，僅能測量空氣的溫度，難以測量熱區真實的溫度，此時用紅外線測溫槍就可以準確測出**實際的溫度**，然後來**調整溫控器的設定**，如果家裡還有飼養其他需要保溫設備的爬蟲類，就十分推薦購買一隻紅外線測溫槍來使用。

紅外線測溫槍。

標籤機

飼養守宮時可能會需要記錄守宮的**出生日期、品系、名字**等資訊，以前的飼主多數都是用奇異筆手寫在飼養箱外，要修改時還需要用酒精擦拭，飼養 1 ～ 2 隻的人這樣操作還勉強可以應付，但如果是飼養十幾隻甚至百隻的人就會很頭痛，尤其

標籤機。

到了繁殖季節，記錄出生日期與品系這件事情就是一場惡夢。

此時可以使用標籤機來輔助，現在的標籤機多數是搭配**廠家提供的APP 使用**，可以直接把守宮的相關資訊印在上面，標籤紙多數是**好撕又可以重覆黏貼的材質**，幫守宮換到飼養箱時也能直接把標籤撕下來貼過去，一般的 APP 也都有自訂模板的功能，可以將常用的模板儲存起來。

噴水壺

一個好的噴水壺是養守宮的人不可或缺的，噴水器可以方便幫**環境加濕**，也可以在**守宮需要脫皮時直接噴在牠身上增加濕度**，另外用守宮櫃飼養多隻守宮的人，可以考慮這種**電動噴水壺**，可以一次幫一整排的水盆加水或是讓飼養箱增濕，可以大大**提高照顧的效率**。

噴水壺。

電動噴水壺。
| 照片提供 | 巢 Nest

定時器插座

夏日白天的溫度會很高，並不需要使用加溫片，此時我們可以利用定時器插座**設定特定的時間範圍**，比如從晚上 6 點開始，至次日早上 6 點結束，只在此期間內供電加熱。這樣可以避免加溫片全天候運作導致**飼養環境過熱**，定時器插座一般也有自己的電源開關，可以直接讓電器在非定時期間也能通電使用。

定時器插座。

電子秤

可以在家裡準備一個電子秤，來定時記錄**守宮的體重**，也可以搭配一些照顧**嬰幼兒的 APP** 或是**筆記本**做使用，這樣就可以幫助自己了解守宮的體重變化，當有異常變化時，才不會耽誤就醫時間。

電子秤。

橡膠手套

橡膠手套在**照顧生病的守宮時**非常好用，使用完後就可以立即丟棄，避免接觸其他守宮時**擴散感染**。

橡膠手套。

原生造景

原生造景有**岩石**及**砂岩風格**，其材質具有**動態保濕**的功能，可以吸水放濕維持**環境的濕度**。材質密度與自然石材接近，放置穩定且表面磨擦力高，不但是一個穩定安全的居所，更能有效的**滿足爬寵磨擦脫皮的需求**。經由地形、山洞、水盆組合成最基本的原生環境，**能減輕爬寵的緊迫壓力**，並展現其自然行為，這種一體成形的岩石造景，很適合想給守宮原生環境的飼主使用。

原生造景組合。
| 照片提供 |
NHD 原生造景

13 不藏私大公開！

飼養守宮需要注意的小地方

本單元分享在飼養守宮上容易被忽視的事情。

要注意防逃

守宮是一種好奇心很強的動物，對於周遭環境的東西都會仔細探索一番，對於任何可以鑽出來的地方牠們都不會放過，所以飼主平常清潔、整理完守宮的飼養箱後，最好養成習慣多多**檢查飼養箱是否有關好**，只要飼主一旦粗心給守宮逮到逃跑的機會，可能就再也見不到牠了。

另外如果是飼養在房間內，也可以**觀察門縫是否可以讓守宮鑽出去**，如果守宮真的不幸從飼養箱跑出來，至少活動範圍會被限制在房間裡，增加找到的機會。平日有些飼主會將守宮放在房間放風，牠們常常會**鑽進書桌下、床底下等漆黑狹窄的地方讓人找不到**，所以放風時切勿讓守宮離開自己的視線，否則可能一轉頭回來看守宮就消失了。

帶守宮出門時，要注意不要讓守宮脫離自己伸手就能抓住的範圍，守宮雖然看起來行動緩慢，但是如果遇到危險的時候，逃跑速度非常快，很常一溜煙就不見了。

守宮逃家的時候

雨寧姊

我們在捉迷藏，但找了半天，都找不到雨玥。

守宮如果逃家的話，一般都會躲在陰暗的夾縫裡。

像床底或櫃子縫隙裡之類的。

接著冰箱後面也可以找找看。

也有可能會躲在會發熱的電器附近。

她那個尾巴應該沒辦法吧。

有時候也會在儲存食物的地方發現哦，總之如果發現守宮不見的話，任何有可能的地方都要仔細找過一遍喔！

飼養環境通風的重要性

　　飼養守宮時，**保持環境通風是一個特別重要的環節**，守宮排泄以後會有一股難聞的阿摩尼亞味，如果**通風不足會造成飼養箱裡的空氣污染**，如果有飼養活餌的話，不通風的環境也很危險，例如：餵食胡蘿蔔或是蔬菜造成環境濕度提高，不通風而導致環境悶濕，進而讓活餌大量死亡。

　　如果飼養的房間是沒有通風口或是窗戶的話，建議可以用**電風扇開微風循環**，只要讓空氣有循環流動就好，電風扇記得放在離守宮飼養箱 2 公尺以上的地方吹，不要讓電風扇的風直接吹到守宮。

用守宮櫃飼養也需要注意箱子是否通風。

守宮的黃金成長期與體重的迷思

豹紋守宮出生後的半年到 8 個月被認為是黃金成長期，在前半年裡，正常的餵養下，牠們的體重每週可以增長 3 ～ 5 公克，達到 50 ～ 60 公克後，體重的增長速度才會漸漸放緩，體長在成長初期的變化通常比體重來得明顯。當守宮的體長達到 20 ～ 22 公分左右後，體長的增長也會漸緩，最終成年的守宮體長約在 23 ～ 28 公分之間，少數大型個體的體長可以達到 30 公分，體重可以達到 100 公克以上。

在守宮前半年的飲食時，可以提供一些**麵包蟲**或是**大麥蟲等脂肪含量較高的食物**，搭配**蟋蟀**或是**蟑螂等高蛋白質食物**一起餵食，有助於守宮發育成長。等到體重達到成體的標準後，餵食頻率跟餵食量就需要減少，建議調整為成長期一半的飲食就好，同時也要減少提供大麥蟲等高脂肪含量食物。

而守宮的體重並非越重越好。**維持守宮的健康體態是一件很重要的事情**。一般來說，無論公母，守宮的最大體重建議不要超過 100 公克，但體重不是唯一的標準，可以參考下方的體態表來判斷自己的守宮是否過胖，肥胖的守宮通常會有**腋下泡（守宮玩家俗稱「鈣囊」）**，而尾巴儲存不了的脂肪會跑到守宮的腹部與四肢，使整隻守宮看起來很臃腫，甚至尾巴的寬度比頭還要粗。**過胖的守宮**除了**行走困難**、**懶惰嗜睡**外，也可能會導致**脂肪肝**和**挾蛋症**等其他健康問題，而根據一些飼養者的經驗，體態過胖的守宮壽命也較正常體態的守宮短。

守宮體態對照

肥胖的守宮，四肢跟腹部都顯得相當臃腫。

體態適中的守宮。

體態瘦弱的守宮。

| 攝影協力 | 家有爬寵

　　避免守宮肥胖最好的方法就是**日常飲食的控制**，避免提供過多大麥蟲、麵包蟲、蠟蟲等脂肪含量較高的餌料，可以選擇蟋蟀、杜比亞、紅蟑等蛋白質含量較高的餌料當作主食，一開始減重時可以先降低餵食量，再逐步減少餵食次數，例如：原先每天餵食，1 次餵食 3 隻成體黑蟋蟀，可以先調整為 1 次餵食 2 隻，經過 1 ～ 2 週後再調整為 2 ～ 3 天餵食 1 次。過程中要隨時記錄守宮的體重變化，直到守宮體重降到標準值不再變化以後即可。也不要讓守宮長時間不吃飯來減肥，**守宮若長時間不進食會轉而消耗尾部的脂肪**，長期下來會導致守宮**罹患脂肪肝**。

　　有一些大病初癒或是剛生產完的守宮體態會瘦弱，需要花一段時間調養，可以先給予一些小隻的黑蟋蟀或是紅蟑、凝膠飼料這種比較好消化食物，每天餵食 1 ～ 2 隻的份量，觀察守宮的進食慾望跟排便是否正常。最後可以逐步增加飲食量並以正常頻率餵食，**在調養期間可以需要開加溫片，確保守宮消化正常**。要確保冷熱區分界明確，也可以放一個水盆保持濕度，當然基本的 D3 鈣粉也不可以缺少，以上的調養過程只是一個參考，有些腸胃消化不好的守宮可能不適用，也可以向獸醫師詢問相關事宜。

不可以吃太多

真好吃！

我最喜歡雨寧做的菜了——！

真是絕妙的口感跟調味，

雨寧做的東西不管多少我都吃得下！

這個流沙包可以拿去賣了啊雨寧！

妳真是太厲害了！

吃太多

抱、抱歉……有點得意忘形了……

嗯嗯嗯嗯

「明知道笨蛋會亂吃，幹嘛一直塞給她」的表情。

關於混養的兩三事

豹紋守宮不能混養在台灣算是主流的意識之一，但是豹紋守宮在野外是否為獨居性的動物目前沒有相關科學研究，甚至有研究指出牠們在野外會組成1公多母的繁殖群體，有時候在社群平台也可以看到一些繁殖者分享混養的守宮照片，那為何大家都會宣導守宮不要混養呢？

首先，混養豹紋守宮通常是一些**較大規模的繁殖場**，為了**提高飼養效率**才進行的。這些繁殖場通常會採用1隻公的配3～5隻母的方式進行飼養。但這種做法並不適合所有的飼主，這樣的混養也需要謹慎的監控和管理，才能確保所有的豹紋守宮都能得到適當的照顧。

多數繁殖場為了提升飼養效率，會一公多母進行混養。

其次，**混養需要有足夠大的空間以及足夠數量的躲避屋**。這是爲了確保每隻豹紋守宮都有足夠的空間進行活動，並且在需要獨處時有地方可以躲避。在考慮混養的時候，也應該要確保所有豹紋守宮的個體大小相近，這是爲了防止較大的個體欺凌較小的個體，若是體型差距太大，弱小的甚至會被當作食物吃掉。

　　儘管豹紋守宮在大部分時間裡表現得很和平，但混養豹紋守宮可能會帶來**個體受傷**或**緊迫的風險**。由於雄性的豹紋守宮具有領地意識，混養也可能會引起爭食、領土性鬥爭等問題。

　　雌性豹紋守宮也會有一些高溫孵化的個體表現較爲兇悍，若飼主沒有特別注意會容易造成守宮受傷，同時也會有疾病傳染的風險。若將一對守宮飼養在一起，最後母的多半會產下受精卵，對於沒有繁殖計劃的飼主是一件很頭痛的事情。除此之外，在繁殖期間雄性守宮會不斷跟雌性求偶，也會造成雌性守宮很大的壓力。

　　總之，**豹紋守宮的混養是一個需要謹慎處理的問題**，需要考慮的不僅僅是個體的兼容性，對於守宮的習性也需要深度瞭解。對於大多數的飼主來說，最好還是單獨飼養豹紋守宮就好。

參考文獻：Khan, Muhammad. (2009). leopard gecko Eublepharis macularious from Pakistan. reptilia.

不可以混養

繪師：玖歲

真是的——為什麼又打架了？

雨靜不讓我看全●逃走中啦！

沒有那麼多錢！

守宮本來就是獨居的生物。強烈要求每人分配一台平板。

就算曾經有這樣的習性，現在也要好好相處才行啊！

大家都是成熟的人了，對吧？

人類的戰爭史持續了四千七百二十年都沒結束，區區幾年的時間是不可能改變任何習性的，

不如從物質層面解決問題。

有這麼想要平板嗎？

說到這種程度？

第**3**篇

豹紋守宮的
餐點規劃

14 守宮喜歡吃的東西

常見的餌料昆蟲

豹紋守宮是食蟲性的動物，不能餵食蔬菜、水果等食物，而餵食的昆蟲也是經由專門的廠商生產和繁殖，野外抓的昆蟲不能隨意拿來餵食守宮，可能會有寄生蟲或是其他病菌，本單元會介紹目前市面上常見的餌料昆蟲。

黑蟋蟀

品種是本土的黃斑黑蟋蟀，是一種很常見也受歡迎的活體餌料，蛋白質含量較高，體型較大、活動力高，能給守宮極高的刺激，激發牠們捕食的慾望。適口性好，很少有守宮能難抗拒黑蟋蟀的魅力。

黑蟋蟀的缺點在於牠是最不容易飼養的活餌，如果沒有足夠的水分跟食物，很容易就會死去，所以最好 1 次購買 20 隻左右，或是 1 杯的份量就好，另外黑蟋蟀味道比較重，需要注意飼養環境的通風。

公的成體黑蟋蟀會鳴叫，跟其他活餌比起來更容易咬傷守宮，溫度耐受度低，溫度變化大時就容易死亡，而且還會吃死掉的同伴，環境悶濕的話就容易造成群聚死亡。**如果有發現死掉的黑蟋蟀，絕對不要拿來餵守宮，必須盡快從飼養活餌的容器中移除。**

守宮是食蟲性的動物

繪師：背包

守宮都能不能吃蛋糕之類的甜食啊？

雨靜姊姊

而且聽說守宮吃蛋糕就會死掉。

守宮是吃昆蟲的，一般只能吃蟋蟀、飼料蟑螂。

蟋蟀
直翅目昆蟲。
黑蟋蟀、白蟋蟀。

蟑螂
蜚蠊目昆蟲。
櫻桃紅蟑·杜比亞。

別人養的我不太清楚。

真的嗎？

蛋糕超好吃～♥

但我們家那隻確實是死掉了。

雨玥姊姊！

我吃了雨靜大人的蛋糕對不起

097

體型大的雄性黑蟋蟀口器與後腳的刺都很銳利，餵食時，可以用另一隻夾子稍微把蟋蟀的頭捏碎一點，再將後腳小心拔除，避免守宮進食時受傷。

　　有時候購買的母黑蟋蟀身上會帶卵，守宮吃下去以後會隨著糞便排出，對於守宮健康沒有太大的影響。

公黑蟋蟀的翅膀有明顯皺褶。

公黑蟋蟀的口器較為銳利。

母黑蟋蟀的翅膀沒有皺褶，尾巴會有一根產卵管。

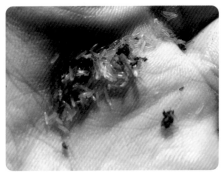

蟋蟀卵。

白蟋蟀

　　是另外一個品種的蟋蟀，體型比黑蟋蟀小很多。與黑蟋蟀相比，**白蟋蟀較不易死亡、溫度耐受度也高**。一般水族館或是爬蟲店都是以杯裝販售的，可以搭配昆蟲果凍飼養，非常方便。

　　缺點是跳躍能力很強，跑的速度也很快，如果不是夾著餵給守宮吃的話，守宮常常會追不到，成體的白蟋蟀也會鳴叫，聲音跟黑蟋蟀一樣吵。

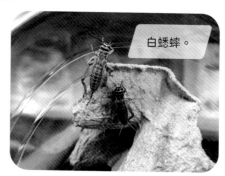
白蟋蟀。

大麥蟲

　　這是一種便宜好養的活餌，多數水族館都有在賣，飼養方便，購買回來後可使用麥麩與胡蘿蔔飼養即可。若是缺少食物，大麥蟲會開始化蛹，化蛹一段時間後成蟲，蛹可以給守宮當零食吃，成蟲則是一種擬步行蟲科的甲蟲，外殼很硬，所以不能拿來餵食守宮。

大麥蟲。

缺點是**大麥蟲脂肪比例較高，容易造成守宮肥胖，不適合作單一主食，最好與多種活體餌料交互餵食**。大麥蟲的口器銳利，有可能會咬傷守宮的嘴巴，餵食守宮前記得先用夾子把頭部捏碎再餵食，還有牠的外殼堅硬也不好消化，**一次不要給守宮吃太多**。

麵包蟲

　　跟大麥蟲一樣是便宜好養的活餌。在多數的水族館也可以買到。因為體型較小，常見的做法是可以用麵包蟲不會跑出來的盆子，放一小把麵包蟲讓守宮當自助餐，再搭配蟋蟀或是紅蟑等其他昆蟲餵食。

　　麵包蟲買回來以後，建議先飼養 1 ～ 2 個禮拜，等營養含量較高時再餵食。與大麥蟲一樣會化蛹，蛹也可以餵給守宮吃，成蟲也是屬於擬步行蟲科的甲蟲，外殼過硬不能拿來餵食守宮。

　　缺點跟大麥蟲一樣，脂肪比例較高，容易造成守宮肥胖，不適合作單一主食，還有外殼太硬不好消化，**一次也不要給守宮吃太多**。

麵包蟲。

櫻桃紅蟑

　　是一種專門用來當作餌料的蟑螂，遇到光滑面會無法攀爬，公的有翅膀，但是飛行能力不好，不用擔心會跑出來。環境耐受度高不容易死亡，也很容易繁殖，是一種相當好用的餌料。飼養方式比照蟋蟀的飼養方法即可，如果家裡只有少數幾隻守宮，推薦養這種餌料當作主食 。

　　缺點是移動速度很快，守宮不容易追到，一般都是夾著給守宮吃。身上有一股特殊的氣味，有些守宮不喜歡。外觀長得像一般蟑螂，有些人無法克服。

公櫻桃紅蟑有翅膀，具有一定滑翔能力。

母櫻桃紅蟑。

杜比亞蟑螂

　　也是一種專門用來當作餌料的蟑螂，**蛋白質含量比黑蟋蟀還高，**與紅蟑一樣遇到光滑面會無法攀爬，**壽命長不容易死亡，**可以 1 次買 100 隻的量去慢慢餵食，**非常適合只養 1 ～ 2 隻的人買來用。**

　　一般餵食守宮的尺寸可以買 1 ～ 2 公分或是 2 ～ 3 公分，依據守宮的頭部大小挑選就好，但成體的杜比亞體型過大，不適合餵食豹紋守宮。

缺點是成長很慢，所以購買尺寸要買適合自己守宮進食的尺寸，杜比亞的味道有些守宮不喜歡，可以混著其他活餌一起餵食來增加適口性。杜比亞的體型較扁也會鑽進土裡，若是使用土類的底材，建議都用夾子餵給守宮吃，不要放在飼養箱內給守宮自己追，常常守宮還沒追到杜比亞就已經鑽進土裡。

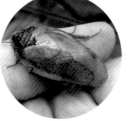

公杜比亞蟑螂有翅膀，
但幾乎不太會飛行。

母杜比亞蟑螂。

蠟蟲

　　這種活餌的定位算是守宮的補品，適合在雌性守宮繁殖後補身子用的，或是讓拒食的守宮要開口及調養身體使用，不建議日常飲食中加入蠟蟲，因為牠的味道很香，有些守宮吃了之後就會挑食，日常若要餵食建議一個月餵一次就好，同時最好搭配蟋蟀等其他活餌一起餵食。

　　有些爬蟲店會連培養基一起販賣，使用時必須要把蠟蟲從牠做好的繭擠出來，力道要控制好，不然蠟蟲很容易直接被捏死，**化成蛹的蠟蟲因為外殼較硬，不要一次給守宮餵太多，避免消化不良**，吃不完的蠟蟲可以放冰箱冷藏保存 1 ～ 2 週的時間，可以減緩成長速度，讓蠟蟲不會那麼快變蛹。

蠟蟲。

15 養昆蟲之外的好選擇
常見的爬蟲類飼料

在飼養守宮時，最令人頭痛的部分，往往是要跟著飼養的活體昆蟲給守宮吃，而最近幾年，陸續有許多廠商推出方便保存的守宮飼料，**主流有粉狀、條狀、凝膏狀、蟲乾、冷凍昆蟲，選擇非常多元。購買前可以先在網路社群平台上找找看人家的使用心得，因為不同款的飼料味道差異很大，吃不吃得看守宮賞不賞臉，建議都先買最小的份量回來試用。

一般粉狀或是條狀的飼料都要泡水軟化再使用，使用方法請參考各家的飼料說明書，不建議放在箱子裡給守宮吃自助餐。一律建議都用夾子餵食，**吃多少餵多少**，如果在夏天或是箱子有加溫的情況下，飼料幾個小時以內就會腐敗，味道會非常可怕。

粉狀飼料。

條狀的守宮飼料，使用時需要泡水。

凝膠飼料近年來也深受許多人的喜愛，開封後一般冷藏可以保存 2 週至 1 個月，以 1 包 60 公克的凝膠飼料來說，大約是 1 ～ 3 隻成體守宮，2 天餵食 1 次，可以餵食一個月的份量。缺點是開封後保存期限短，價格比餵食活餌高。

凝膠飼料。
｜圖片提供｜呱呱媽

一般的守宮飼料都會額外添加其他營養成分，使用時只要沾取少量的 D3 鈣粉，確保守宮鈣質攝取足夠即可。飼料因為水分較多，所以餵食以後守宮的糞便不容易成形，這是餵食飼料的正常現象。

蟲乾是將昆蟲乾燥處理以後保存的飼料，因為是乾燥保存，所以蟲乾的水分含量都偏低，使用時必須要泡水軟化，可以參考各家廠商的使用說明，因為多了乾燥處理的步驟，價格也相對比其他活餌高了一些。

冷凍昆蟲也是現在餌料的一種主流，常見的為冷凍蟋蟀，冷凍的蟋蟀在泡熱水後可以很快恢復到常溫，解凍到蟋蟀的腹部有彈性即可使用，稍微擦乾以後就可以拿來餵食守宮，沒有餵完的蟋蟀不要放回去冷凍，避免因為反覆冷凍、解凍而壞掉，另外冷凍蟋蟀對於蟋蟀的品質要求很高，購買時找大家推薦的賣家比較有保障。

杜比亞蟲乾。
｜圖片提供｜呱呱媽

守宮專用的飼料

繪師：玉蒔良

餵食豹紋守宮時，大多採用活餌，

若無法接受活餌也有飼料可供選擇。

那是人類的問題喔！
無法接受活餌？

※雨寧回憶錄

常見的飼料有：乾燥昆蟲、乾飼料、濕飼料等……，

其中濕飼料大多需要冷藏，且要盡快食用完畢。

乾燥昆蟲

濕飼料

※雨寧回憶錄

每位孩子對各種飼料的接受度都不同，

細心觀察他們的反應和變化，

適量且均衡的飲食才能養得頭好壯壯！

為了找到自家孩子喜歡的食物確實較為費時，

但看著她們吃得這麼開心和滿足，

一切都值得啊！

哈啾～

16 守宮也要吃維骨力？

養守宮必備的營養品！

　　守宮在野外吃的東西很多元，但是我們在日常餵食守宮所用的活餌種類很單一，這些活餌的鈣磷比很低或是缺少某些守宮必要的營養成分，需要透過營養品來補充這些缺少的營養，守宮常用的營養品有**鈣粉**、**維生素**、**益生菌**，本單元會一一介紹。

鈣粉

　　因為一般餌料昆蟲的鈣磷比很低，所以需要搭配爬蟲類專用的鈣粉來餵食，選購時記得挑選含有**維生素 D3** 的鈣粉，維生素 D3 主要的功用是讓守宮能有效地將鈣質吸收並且轉換，如果鈣粉沒有含維生素 D3 的話，守宮會無法順利吸收鈣質。

　　若沒有餵食鈣粉的話，豹紋守宮會很容易得到「**代謝性骨病**」，就是爬友間說的「**缺鈣**」，這種病症會導致**守宮的四肢、脊椎變形**，一旦發生變形就是不可逆的，所以平常要定時、定量讓守宮攝取鈣粉。

　　爬蟲類在攝取過多的維生素 D3 可能會導致維生素過量中毒，但目前還沒有豹紋守宮因攝取過量的維生素 D3 而導致中毒的實際案例，一些知名大廠牌的維生素 D3 鈣粉都可以放心使用。

　　有一些鈣粉會標榜是純鈣粉，沒有添加其他礦物質，保存期限很長，

只要不受潮都可以一直用,若是怕守宮攝取過多的維生素 D3,可以與一般的維生素 D3 鈣粉以 1：1 的比例混合使用。市面上也有一些標榜含綜合維生素的鈣粉,但是有一些守宮會因為不喜歡維生素的味道而挑食,在購買前需要評估一下。

不含 D3 的綜合維生素鈣粉。

爬蟲用 D3 鈣粉。

爬蟲用純鈣粉。

維生素

守宮有一些病症與維生素攝取不足有關,例如:**脫皮不順或是眼疾**,就有可能是**缺乏維生素 A**,所以也需要給守宮定時補充維生素。目前市面上爬蟲綜合維生素內的維生素 A 成分有分 2 種,**類胡蘿素或是「既成」維生素 A (Preformed vitamin A)**,有些廠商避免爬蟲攝取過多的維生素 A 而導致中毒,所以會用類胡蘿蔔素來代替,但也並非所有的爬蟲都能將類胡蘿蔔素 A 轉換並使用,以目前的相關研究與繁殖者的經驗來看,豹紋守宮是可以將類胡蘿蔔素轉換成維生素 A 後利用,所以這兩種維生素都可以做選擇。

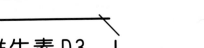

守宮需要維生素 D3

繪師：背包

阿時妳在吃什麼啊？

這是綜合維生素唷！

守宮也需要補充維生素 D3，才能幫助鈣質的吸收唷！

可是這個維生素看起來好像很苦耶！問一下雨寧姊好了。

維生素 vitamin D3

健——康

原來可以從鮭魚攝取嗎？

★ 一般的守宮不能吃鮭魚喔！

可是看起來好苦喔！

吃維生素只是一種方式，其實也可以從其他食物中攝取。

像是我就會吃一點鮭魚來補充維生素 D 唷！

為了要攝取足夠的維生素，我要開動了！

祝您用餐愉快…

妳這樣吃太多了啦！

108

另外在爬蟲類維生素 A 中毒的案件中，比較常見的有：變色龍或是烏龜，豹紋守宮目前還沒有相關案例，**只要注意不要攝取過量就好，一週補充一次即可。**

爬蟲用維生素。

守宮也可以透過餵食具有豐富維生素的守宮飼料或是活餌的腸道加載來攝取所需的維生素，如果日常已有添加綜合維生素的昆蟲專用飼料做好活餌的飼養，或是給守宮的主食是營養豐富的飼料，餵食時就只需要少量甚至是不用再添加額外的維生素。

益生菌

爬蟲類益生菌的作用好比是人類的優酪乳，**幫助守宮腸胃消化用**，並非為常用品，若想給守宮定期補充，**1 週 1 次就好，與鈣粉一樣活餌沾一點益生菌來餵食即可**，如果要加水給守宮喝的話，使用方式是益生菌加水直到無法溶解為止後再用灌食針給守宮喝，多數的腸胃問題有給守宮餵食益生菌都能見效。

參考文獻：Cojean, O., Lair, S., &Vergneau-Grosset, C. (2018). Evaluation of β-carotene assimilation in leopard geckos (Eublepharis macularius). Journal of animal physiology and animal nutrition, 102(5), 1411－1418. https://doi.org/10.1111/jpn.12924

有一些守宮很不喜歡益生菌的味道，只要活餌一沾益生菌就不吃，活餌要沾益生菌時，建議用另外一個罐子來沾，不要跟平常用鈣粉的罐子混在一起。

爬蟲用益生菌。

使用頻率與其他注意事項

鈣粉可以在每一餐餵食時都添加，維生素跟益生菌1週添加1次即可，鈣粉、維生素保存的地方最好陰涼通風，為了避免受潮，可以開封後在罐子內多放幾包乾燥劑，每次用完都要記得將罐子關緊，如果觀察到鈣粉顏色與味道有明顯變化或結塊就代表已經變質、壞掉了。

因為維生素1週只需要補充1次，買整罐常常還沒用完就過期，可以與有飼養的朋友合買一罐來分裝或是直接購買分裝包避免浪費，但需更加注意保存的方式與環境，可以在分裝容器內多放幾包乾燥劑來避免受潮，分裝的維生素最好使用不透光且可密封的罐子保存，並存放於陰暗涼爽處。益生菌如果久久使用一次可以放冰箱冷藏，要用時再拿出來加一點就好，維生素跟鈣粉則不需要冷藏，鈣粉反覆退冰反而更容易受潮。

有些飼主會在飼養箱中擺一個裝鈣粉的小盆子給守宮自行食用，實際上只要在日常餵食時有定期補充就足夠了，而且盆子很容易被守宮打翻，造成環境髒亂，除非是母守宮產卵期間需要多補充鈣質才建議這樣做，另外有一些活餌，例如**蠟蟲這種當作營養品餵食的昆蟲，在給守宮餵食時就不用再沾鈣粉了。**

不喜歡的味道

繪師：玖歲

雨靜，回房前要記得吃鈣片喔。

嗚。

我討厭這個的味道啊......

那跟喜歡的東西一起吃下去不就好了？

喜歡的東西......

巧克力之類的！

一次吃那麼多顆我會噎到的。

啤酒之類的！

不行——！

17 餵食小昆蟲與飼料的要點

　　餵食昆蟲的時候可以準備一個小罐子，倒入一些鈣粉與維生素，將昆蟲扔進去後反覆搖晃，讓昆蟲身上沾滿營養粉，這時候就可以拿來餵食，罐子內的鈣粉會因為接觸水分而慢慢失去黏性，如果發現罐子裡的蟋蟀都沾不上鈣粉時，就要將罐子清洗擦乾後，再加入新的鈣粉使用。

　　如果用白蟋蟀當作餌料的話，建議用一個高度至少 45 公分以上的桶子來裝白蟋蟀餵食，然後可以再買高一點的小垃圾桶來當備用，**白蟋蟀的移動速度很快，要餵食給守宮時，可以先取一部分的白蟋蟀放到冷凍庫冰5～10 分鐘，將牠凍暈後再餵食**。鈣粉大概只能沾黏在活餌身上一天，如果是採用投餵的方式，守宮隔天沒吃完的白蟋蟀都要拿出來。

將鈣粉、維生素與蟋蟀倒入罐子搖一搖就可以食用。

夾取各種餌料的方法

夾取蟋蟀時，可以夾取蟋蟀的腹部，蟋蟀的頭朝向守宮那邊。

夾取杜比亞時，可以夾取腹部並將腹部朝上，一樣頭朝向守宮會比較好吞食。

紅蟑夾取的方式與蟋蟀相同。

　　大麥蟲因爲會一直掙扎，所以需要夾緊一點，可以夾中間的位置固定，建議捏碎頭部以後再餵食。

　　麵包蟲因爲體型小不好使用夾子，可以在守宮的飼養箱內放置一個容器，定時裝一些麵包蟲讓守宮自行食用。

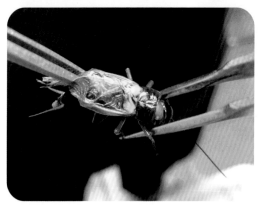

　　如果黑蟋蟀體型太大或是口器銳利，可以準備另一隻短一點的夾子，將蟋蟀的頭部捏碎後再餵食。

　　如果是用**凝膠飼料**飼養的話，從冰箱拿出來後，先取要餵食的份量，放在室溫下稍微退冰後再餵食，**每次餵食完守宮吃剩的飼料記得要丟掉，任何一種飼料都要避免反覆冷藏退冰，不然會讓飼料劣化得很快。**

　　如果是使用**乾燥飼料**的話，一般的泡水軟化後就可以使用，沒吃完的也要記得丟掉，不要想說放冰箱冷藏下一次再拿來餵食。

　　冷凍蟋蟀相較於其他的飼料，守宮的接受度比較高，有一些個體在訓練後甚至可以定點餵食，**使用冷凍蟋蟀時要注意蟋蟀一定要完全退冰，不然守宮吃下去可能會引發腸胃炎。**

冷凍蟋蟀可以直接泡水退冰，恢復彈性就可以餵食。
｜照片提供｜王信富

守宮如果原先都只吃活餌，要改餵飼料的話會需要一段適應期，**如果守宮看到夾子就會追隨的話會比較好訓練，只要將餌料在守宮面前晃一下就會吃了**。如果守宮本來就很挑食的話，可以趁守宮在咀嚼蟋蟀的時候，將飼料放在守宮的嘴邊磨蹭，邊磨蹭邊往守宮的嘴裡塞，守宮一般都會將餌料當成蟋蟀的一部分一起吞下去，如果想改餵守宮吃不同種的活餌，也可以採用這樣的方式來訓練。

守宮在進食時，會全部先吞嚥並儲存在咽喉裡，等吃完之後再慢慢吞進胃裡，為了避免守宮吃太多噎到，可以先餵食 1 隻，等觀察到守宮吞嚥後有左右擺動頭部，將食物完全吞進去後再接著餵第 2 隻就可以了。

守宮吞食以後，食物會
暫時存放在咽喉。

18 守宮的餵食份量與次數
要避免過度餵食！

爬蟲類與哺乳類相比代謝慢得很多，所以守宮不需要像一般的貓狗一樣照三餐餵食，守宮幼體與 8 個月內的亞成體建議 1 ～ 2 天餵食 1 次，每天可以餵食 1 隻杜比亞或是黑蟋蟀的份量就好，2 天餵食 1 次然後每次吃 2 隻，而 8 個月成體後就維持 1 週餵食 1 ～ 2 次的頻率，1 次餵食 3 ～ 4 隻就好。

餵食守宮時要注意活餌的尺寸大小，**跟頭一樣大的都可以吃得進去**，所以選擇小於這個尺寸的活餌餵食即可。如果活餌太大隻，守宮可能會吃到一半就吐出來，甚至會想硬吞進去而噎死。

選擇活餌的大小，最好以守宮頭部的尺寸為準。

守宮吞嚥蟋蟀。

以杜比亞的尺寸為例，成體豹紋守宮適合 2 ～ 3 公分，幼體與亞成體則適合 0.5 ～ 1.5 公分的尺寸，**餵幼體守宮時要避免餵的昆蟲尺寸過大**，如果是餵食飼料的話，可以用活餌的大小當作一份的參考值，每一次餵

食 2 ～ 3 份的飼料就好。上述的量只是一個參考值，即便是同體型的守宮能吃的量也不一定相同，還是要視情況有所增減，**寧可少餵也不要多餵，餵食的原則記得是少量多餐**，一次吃的份量不要太多，容易讓守宮消化不良，尤其像大麥蟲或是麵包蟲這種殼硬不好消化的昆蟲要特別注意，餵完守宮以後，**飼養環境請保持在加溫的狀態，避免守宮因消化不良而嘔吐。**

　　盡量保持食物的多樣化能讓守宮獲得不同的營養，可以使用多種昆蟲、飼料來交替餵食，例如一餐 1 隻杜比亞蟑螂加 2 隻蟋蟀，或是一餐 1 隻大麥蟲加 2 隻蟋蟀，甚至是 1 隻蟋蟀搭配一塊飼料也可以，多樣化的食材也能讓守宮不容易挑嘴，若是無法維持食物多樣化，只能選擇單一活餌當作食物的話，可以選擇杜比亞、蟋蟀、紅蟑等蛋白質含量較高的昆蟲，只要有搭配維生素跟鈣粉餵食，守宮也能健康長大。

正盯著蟋蟀準備獵食的中印度豹紋守宮。

　　另外，**可以將蟋蟀或是紅蟑丟在飼養箱內讓守宮自己獵食，去刺激豹紋守宮的活動性**，但要注意守宮可能會誤食底材。也可以藉此觀察豹紋守宮的食量，如果有發現沒吃完的蟋蟀必須要抓出來，否則可能會咬傷守宮。如果守宮消化不良而嘔吐的話，可以參考第 4 篇第 23 單元「守宮便便顏色怪怪的」裡的方式照顧。

19 爲什麼守宮會挑食跟拒食？

　　守宮拒食的原因有很多種，如果守宮是**腸胃受傷、糞便呈現綠色或是寄生蟲爆發**，就會有拒食的現象。另外，觀察一下守宮的**嘴巴有無外傷，嘴巴受傷也會導致守宮拒食**。如果確認環境、溫度設置都沒問題，但守宮還是只在角落趴著，保持微微抬著頭並雙眼緊閉的狀態，對於任何飼料或活餌也都沒有反應，守宮可能就是生病了，需要帶去給獸醫師檢查一下。

瘦弱拒食的守宮。

守宮也可能因爲**經過長期的運輸或是環境變動太大而拒食**，有些個性比較敏感的個體甚至會拒食超過 1 個禮拜，此時只需要確保加溫有正常運作，飼養箱不會太大，有放水盆給守宮攝取水分，剩下就是等守宮適應環境就好。在適應期間可以投餵小一點的黑蟋蟀，觀察守宮的反應，如果發現隔天沒吃再拿出來就好，雖然健康的守宮可以長達 1 個月不進食，但如果更換環境後超過 2 週都沒有進食時，最好帶去給獸醫師檢查。

　　脫水也是常見拒食原因之一，如果沒有放水盆給守宮喝水的話，記得每天要沿著飼養箱的牆壁，用噴霧噴一排小水珠給守宮攝取水分，守宮經過長時間的運輸也容易脫水，帶新的守宮回到家後也不要忘記給牠們補充水分。

　　守宮要**脫皮前食慾也會降低**，如果發現守宮顏色變白了就是要脫皮，此時只要等待牠脫完皮後再餵食即可，還有**混養會造成豹紋守宮有極大的壓力而拒食**，不論如何都應該避免混養守宮。

剛帶回家的守宮盡量避免打擾牠，讓牠有更好的適應環境。

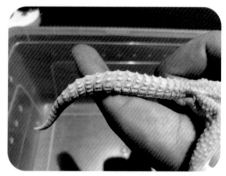

守宮脫水時，尾巴會有明顯的皺褶。
｜攝影協力｜家有爬寵

守宮脫水的症狀

繪師：玖歲

飼養環境的溫度太低也會造成守宮拒食，如果在冬天發現守宮身體變得冰冷，食慾也突然變差，可能是加溫設備壞掉，需要確認加溫設備是否有正常運作，在季節交替之際，日夜溫差大或是冬天寒流來的時候，即便有加溫守宮也有可能食慾變差，只要確保守宮沒有生病、排便異常、突然消瘦的情況就不用太擔心，等天氣變暖以後食慾就會恢復了。

　　最後一個常見的狀況，就是**守宮發情不願意吃飯**，公的豹紋守宮大概 6 ～ 8 個月就會性成熟，而母的則需要 8 ～ 10 個月，守宮在每年的 2 ～ 10 月會發情，公守宮發情期間會變得很神經質，在抓取時要特別小心，尾巴的部分也會消瘦一些，食慾也會變差，但活力會變得更加旺盛，此時只需要保持定期餵食，如果餵食時守宮不願意吃飯，就等下次再餵食即可。

　　母守宮發情時會發現肚子上有明顯的紅點，那是母守宮的濾泡，母守宮在發情時食慾也會降低或是直接不吃，如果肚子有未受精的成形卵，母守宮大多都不願意進食，在下完蛋後食慾就會恢復，若是母守宮發情超過一個月完全沒有進食的話，建議可以帶去給獸醫檢查一下。

　　除了拒食以外，守宮有時候也會挑食，常見的原因是因為餵食太多蠟蟲，導致守宮不想吃其他的食物，此時可以將蠟蟲的汁塗在蟋蟀或是蟑螂身上，誘騙守宮吃下去，先餵一隻有蠟蟲汁的活餌後，等守宮吞嚥時再塞一隻沒有塗汁的，這樣就可以慢慢矯正守宮的飲食習慣。有些飼主會用飼料或是蠟蟲等來讓生病拒食的守宮開口，要特別注意守宮的腸胃是否已經

發情的公守宮尾巴較瘦。
| 照片提供 | 王信富

康復到可以進食，如果還沒恢復的話，守宮就算吃了也會吐出來，會對守宮造成二次傷害。

挑食的原因還有是因為部分牌子的**營養品味道守宮不喜歡**，可以嘗試更換不同牌子的營養品，或是守宮本身就**不愛吃那種昆蟲**，黑蟋蟀是接受度最高的活餌，可以先嘗試用黑蟋蟀餵食。

20 比守宮更難照顧的蟋蟀

餌料昆蟲的照顧方式

　　腸道加載（Guts Loading），是指在餵養動物前，先讓餌料昆蟲吃營養豐富的飼料，這樣守宮就可以進一步攝取到更完整的營養，一般來說餵食昆蟲飼料後的 24 ～ 48 小時內可以有效提升活餌的營養價值，在 48 小時後，營養價值就會降低。簡單來說就是餵蟋蟀吃什麼，守宮就會吃到什麼，所以飼養餌料也是一件非常重要的事情，但照顧這些活餌比起照顧守宮更加困難，常常因為一個細節沒有注意就整窩團滅，本單元會介紹常見的餌料飼養方法。

蟋蟀、紅蟑、杜比亞飼養法

　　活餌飼養環境設置的原則：

① 乾濕分離

② 溫度不要過低或過低

③ 有足夠的遮蔽物

　　把握好以上 3 個原則，就可以飼養好大部分活餌昆蟲的種類，準備一個足夠大的飼養箱或是整理箱，裡面放一些蛋紙盒給牠們躲避，並給予牠們補充營養的「**乾料**」與補充水分的「**青料**」就好，環境溫度不管是冬天還是夏天只要維持室溫就好，不用特別加溫。**冬天時不要直接吹到冷風，夏天的時候只需要注意通風即可**，蛋紙盒在網路拍賣平台上都可以買到，建議不要買二手使用過的，可能會有細菌殘留。

　　飼養的箱子從常見的昆蟲飼養箱到足夠高的整理箱，都可以拿來飼養昆蟲，但要注意飼養密度不要過高，一般長 30 公分的昆蟲飼養箱一次可以飼養 20 ～ 30 隻黑蟋蟀，而大型的整理箱只要提供的躲避空間足夠，一次也可以飼養數百隻的黑蟋蟀。**要注意活餌是否能從飼養容器裡逃脫**，如果活餌逃脫會造成不少麻煩，像黑蟋蟀或是白蟋蟀這種會鳴叫的昆蟲，會藏在角落半夜鳴叫求偶，所以平常一定要做好防逃的措施。

蛋紙盒在網路拍賣平台可以購買得到。

蛋紙盒能提供給黑蟋蟀躲避的空間，避免同類相殘。

乾料部分，是指蟋蟀等昆蟲專用飼料，各大賣活餌的廠商都有自己出品的飼料，在網路購物平台上搜尋蟋蟀飼料，也可以找到很多種選擇，可以在購買活餌時順便詢問有沒有賣專用的飼料，使用小碟子裝著供蟋蟀取用即可。

可以用餵水器來提供蟋蟀水分。

　　青料部分，指的就是可以給守宮補充水分的菜葉瓜果類，地瓜葉、胡蘿蔔或是其他蟋蟀愛吃的青菜都可以使用，在家裡用1個盆栽種1棵地瓜，就會有用不完地瓜葉。如果是去市場購買的，記得清洗後要擦乾再餵食，如果不方便取得菜葉也可以用鳥類的餵水器來供水，但是出口處要加一塊海綿，不然蟋蟀很容易鑽進去淹死，注意保持乾濕分離，環境過於潮濕容易讓蟋蟀死亡。

給予適當的食物，黑蟋蟀就會很好飼養。

翠玲瓏也是黑蟋蟀喜歡的食物之一。

　　如果是黑蟋蟀的話,青料也可以選擇餵食鋪地錦竹草,俗稱「**翠玲瓏**」,路邊常見的野草,黑蟋蟀很喜歡吃,但是杜比亞、紅蟑等其他餌料昆蟲則幾乎不吃。

　　買活餌回家的第一天就可以餵食,之後餵食頻率可以 2 天提供 1 次就好,如果有前一次餵食吃剩的菜梗或是殘餘的飼料都要清理掉。

　　一般去爬蟲店或是水族館可以買杯裝的活餌,這時候可以**搭配昆蟲果凍來飼養**,網路平台上搜尋甲蟲果凍就有很多選擇,昆蟲果凍可以提供活餌需要的營養跟水分,也可以保持乾濕分離,1 次放 1 顆,約 3 天左右更換 1 次即可,買 1 包回來可以用很久。如果飼主是習慣 1 次買 1 杯回來餵食的話,就非常推薦用昆蟲果凍來飼養,但因果凍水分較多,**使用果凍的話杯蓋需要多戳一些洞,否則很容易因不通風而導致杯內潮濕。**

杯裝的蟋蟀適合用果凍飼養。

紅蟑也很喜歡吃昆蟲果凍。

飼養黑蟋蟀的其他注意事項

如果有看到公的黑蟋蟀記得先餵掉，不然晚上會鳴叫，公蟋蟀翅膀上有皺褶，可以參考第 14 單元「守宮喜歡吃的東西」的圖片辨認，或是可以將公蟋蟀的翅膀剪掉，剪掉翅膀以後就不會叫了。

集體死亡的黑蟋蟀。

環境很潮濕容易造成黑蟋蟀大量暴斃死亡，死掉的黑蟋蟀會發臭，同時剩下的黑蟋蟀會去吃屍體，**導致群聚感染**。全部倒掉後，將整個箱子徹底刷洗乾淨再重新使用，剩下的蟋蟀也絕對不要拿去餵守宮，很容易造成腸胃炎。

杜比亞、紅蟑、白蟋蟀都可以用上述相同的方法飼養，杜比亞因成長較慢，所以每次吃的食物也比較少，可以一次不用放太多飼料，紅蟑的移動速度很快，防逃措施需要做得更充足，白蟋蟀的跳躍力很強，抓出來餵守宮時要特別注意。若是購買活餌後發現不太方便使用和照顧，也可以將活餌飼養一陣子後，直接冷凍保存，要吃的時後再拿出來退冰就好。

大麥蟲、麵包蟲飼養法

大麥蟲與麵包蟲的飼養法，比起蟋蟀來說相對簡單，準備一個盡量寬一點，高度不用太高的整理箱，用麥麩當底材飼養，如果有買蟋蟀飼料的

話也可以混一點進去，飼料與麥麩的比例約 1：2 或 1：3，麥麩可以在有販賣大麥蟲的鳥店購買，或是網路平台上也可以買得到，麥麩價格便宜，一次可以多買一點囤起來，大麥蟲的飼養密度可以高一點，在有足夠的麥麩下，1 公升的餅乾盒可以飼養 50 ～ 60 隻以上的大麥蟲，**如果發現大麥蟲的飼養容器摸起來熱熱的，就是飼養密度太高，需要換大一點的容器。**

乾料部分，一般 1 個禮拜就會吃完，若發現只剩下大麥蟲的糞便，這時候用 1 個篩網就可以輕鬆把糞便篩掉，再鋪上新的麥麩加上乾料就好。

飼養大麥蟲只需要麥麩與菜梗就好。

吃完所有飼料的大麥蟲。

用一個網袋就可以方便過篩糞便。

正在吃菜梗的大麥蟲。

青料部分用菜梗就好，可以將餵完黑蟋蟀剩下的菜梗丟進去給牠們吃。也可以將削成薄片的胡蘿蔔或是南瓜洗乾淨後餵食就好，如果太厚可能會讓環境太過悶濕導致大麥蟲死亡，餵食其他的菜葉類也要注意飼養環境潮濕的問題，昆蟲果凍也可以直接放在麥麩上給大麥蟲吃，餵食 1 ～ 2 小時後沒吃完的果凍必須清掉。

　　如果是在爬蟲店購買單盒的大麥蟲（如下圖），一般都會附上一些麥麩，只需要搭配削成薄片的胡蘿蔔即可飼養。

　　最後，要提醒的是在每一批活餌餵完後，下一批活餌入住前，飼養活餌的箱子都需要經過徹底的清洗後再使用。另外蛋紙盒可以噴灑一些酒精消毒後晾乾就可以重複使用，若是蛋紙盒摸起來軟軟的就是濕度過高，這時就需要進行更換了。

活餌的飼養

繪師：Monz

晚餐要吃胡蘿蔔嗎？

不是喔，這是要給蟋蟀吃的胡蘿蔔。

一般飼養蟋蟀，可以給予專用的蟋蟀飼料，

另外還需要準備胡蘿蔔或是青菜來給牠們補充水分。

活餌的飼養也是很重要的課題，給予活餌營養的飼料，那吃活餌的守宮也會獲得相對的營養喔！

原來如此。

那個也是在餵活餌吃飼料嗎？

飼主注意！餵食前後要注意的事項整理

1. 從水族館或是爬蟲店買回的昆蟲活餌，建議以胡蘿蔔、昆蟲飼料，飼養 2～3 天後再餵食給守宮，可以增加守宮獲得的營養。

2. 在飼養箱中沒吃完的蟋蟀要挑出來，不然蟋蟀會有咬傷守宮的風險，也能避免蟋蟀吃到守宮的排泄物而被汙染。

3. 要帶守宮坐長距離運輸的前 2 天都不要餵食，避免守宮因為車程太晃而嘔吐。

4. 餵食後不要把玩守宮，很容易造成守宮緊迫而嘔吐。

5. 餵食前記得將活餌或是餌料添加營養品，鈣粉可以每餐都添加，益生菌與維生素 1 週添加 1 次即可。

6. 不要看守宮想吃就一直餵食，守宮常常會不自覺地吃掉過多的食物，有可能飼養溫度低一點就消化不良而嘔吐，餵食保持少量多餐的原則。

7. 使用凝膠等水分較多的飼料時要注意保存期限，如果飼料聞起來有腐敗味就代表已經壞掉了。

8. 杯裝的活餌要使用昆蟲果凍時，一定要記得保持通風，避免環境悶熱導致餌料死亡。

9. 在飼養活餌的過程中，如果發現箱子內部有水滴或是昆蟲的汁液，都需要立刻擦乾，若活餌的飼養箱內部很悶熱且蛋紙盒摸起來很潮濕，整個飼養箱則都要做清潔，清潔完擦乾換上新的蛋紙盒即可。

一般有販賣爬蟲的店家都
會販賣杯裝的蟋蟀。

第4篇

常見疾病徵兆及處理

21 感覺守宮悶悶不樂？

讀懂守宮的肢體語言

雖然守宮不像人類有著豐富的行爲動作與情緒表達，但守宮是否「健康」和「快樂」，其實是能夠從牠們的肢體語言略知一二。

健康的豹紋守宮

健康的豹紋守宮眼神會看起來炯炯有神、精神抖擻，還能對周遭環境的變化做出反應，例如：飼主靠近飼養箱，守宮就會從屋子裡跑出來等待餵食；胃口很好，只要看到會動的東西都會嘗試吃掉；飼養箱布置有變化時，也會展現出探索的行爲；吃飽後會選擇有熱源的地方休息來幫助消化；

在被人觸摸時會有想逃跑的反應，但上手一段時間後又變得安穩，走路步伐輕快，不會搖晃不穩，同時還有一條肥碩的尾巴。這些都是豹紋守宮健康的行爲表現，那要如何看出守宮健康有狀況呢？

健康的豹紋守宮。

身體不舒服的守宮

如果豹紋守宮身體有異樣或是感到不舒服時，**共同的特徵：雙眼緊閉、活動力變差，甚至被人抓起來也不會反抗，食慾也會變差**，原本看到食物都會積極捕食，卻突然好幾天都

感到不舒服的守宮都會雙眼緊閉不動。

對食物表現得興致缺缺，接著尾巴也開始嚴重消瘦，甚至排泄物有異樣。以上是生病的豹紋守宮常有的症狀，需要立刻帶去給獸醫看。

同時也需要檢查**環境設置**是否正確，例如：環境太熱或是太冷，請確**保環境溫度能維持在28℃～32℃之間**，加溫片是否冷熱區有明確的分界，能讓守宮**自由選擇冷熱的環境**。還有需要檢查飼養環境的光線是否過亮，對於白化品系的豹紋，**強烈的光線照射都會使牠們感到壓力**。另外，守宮對周遭的聲音會有所反應，**持續的噪音**也會造成守宮的壓力。

如果守宮在春天到秋天有1～3週的時間不願意吃飯，但精神狀況良好，糞便也無異狀或是無急速消瘦的話，都不需要太過擔心，可能是天氣或是發情等其他因素，可以在家裡準備一個電子秤來定時記錄守宮體重。

發情的公守宮。
| 照片提供 | 王信富 |

如果守宮體重急速增減或若長達 1 個月以上完全不吃，建議可以帶去給獸醫檢查。一般守宮在冬天 10 ～ 12 月間不太會發情，若是有正常的溫控下不會 2 週以上不吃，若有這種情況，也建議帶去給獸醫檢查一下。

如何與守宮互動

有些人飼養守宮者會認為牠們需要主人的陪伴，在不瞭解守宮性格的情況下一直想抓牠們出來互動、玩耍，結果讓守宮因恐慌而四處亂竄或是搖尾警戒。事實上豹紋守宮並不需要這些陪伴，切勿把「所有的寵物都會親人」的這種想法套在守宮身上，**建議除了餵食與打掃環境，盡量少抓牠們比較好。**可以在日常打掃將守宮抓出來的同時，順便檢查牠們外觀是否有異狀，例如：腹部、泄殖腔周圍、尾巴，這些地方可能平常看不到就會被忽略，偶爾跟守宮進行互動有助於及時發現疾病。

如果想要與守宮有良性的互動，必須要一步一步建立彼此之間的信任，一開始嘗試在飼養箱裡用手輕柔的觸碰守宮，讓守宮習慣手的存在，注意一切步驟都要輕柔緩慢。

可以定時檢查守宮的腹部是否有異狀。

　　若是守宮嘗試逃跑或是搖尾巴警戒，請結束當下的互動，等待幾個小時後再重新嘗試，等守宮被人用手觸碰到時沒有警戒想逃跑，代表牠已經逐漸習慣，此時可以嘗試用手將守宮緩緩撈起來放在手掌心中，讓守宮四隻腳有支撐點牠會比較安心。如果守宮突然爆衝想逃跑，可以將另外一隻手放低放在守宮前面去接住牠，另一隻手也重複這樣的動作，讓牠在雙手手心間循環奔跑，然後用手指輕輕的施力壓住守宮，像是一種將守宮卡在手上的感覺，通常這樣守宮就不會亂跑，之後再將守宮放回飼養箱即可。

　　有時候守宮被抓時會從泄殖腔噴水，或是直接拉出排泄物來嚇阻敵人，在抓上手時要特別注意，而在**抓取守宮前後，都要記得用肥皂徹底清潔手部**，避免沙門氏菌的感染。若是家裡有 5 歲以下的小孩或是免疫力較缺乏的老人，也建議盡量避免接觸爬蟲，或是接觸後一定要徹底清潔手部，降低感染風險。

抓守宮的技巧

　　抓守宮時記得不要驚擾到守宮，若還沒靠近守宮就想逃跑，等過一段時間後再抓。

❶ 手慢慢的靠近。

❷ 用手指將守宮輕輕的撈起來。

❸ 成功上手。

❹ 上手後稍微用手指固定守宮，可以讓守宮更安定。

如果想讓守宮習慣飼主的存在，也可以將飼養箱換成**透明的**，讓守宮能觀察四周的環境，有人在面前走過去也能看到，慢慢的守宮就會適應人類，最後甚至會知道**當有人靠近時就是吃飯的訊號**，自然而然也就明白人類對牠是無害的存在，要**特別注意不要放在四面都是透明的環境**，例如：家中客廳的桌上，會讓守宮覺得沒有安全感而變得神經質，可以放在家中角落或是靠牆放著。

另外有的飼主家中會養貓、狗等其他寵物，牠們可能會被守宮的飼養箱吸引，若貓跑去玩守宮會造成緊迫，嚴重的話還會斷尾，**飼養前須先想好如何隔絕貓、狗與守宮接觸的方法。**

看到有人靠近就想吃飯的守宮。

可以用寵物圍片圍一個空間給守宮活動，
要注意圍片孔洞的大小讓守宮無法穿過。

再次提醒，不建議混養守宮，除了繁殖期間，即便在野外遇到同類也不會有任何社會化的行為，不需要特別購買第 2 隻守宮來陪牠，更不要在一個飼養箱裡飼養 1 隻以上的豹紋守宮，混養容易使守宮感到壓迫。

還有，**守宮不像其他的爬蟲類一樣適合帶出去**，例如：白天帶去公園的草地放風之類的，那對於白化守宮只是一種折磨，甚至有可能被其他動物攻擊或是跑不見的風險。若是想要給牠們活動放風一下，建議在飼養的房間內放出來，用紙箱或是寵物圍片來圍成一個遊戲區讓牠們探索就好，記得人一定要在旁邊隨時觀察，若是放任守宮在家中隨意探索，稍不注意可能就找不到，同時也有被灰塵或環境中的黴菌孢子造成感染的風險。

如果有食物出現在守宮的眼前，守宮的目光都會注視在食物上，或是可以觀察到飼主經過守宮面前時，牠會突然盯著看，其實這都是守宮的天性，牠們主要是以視覺來捕食小昆蟲，所以會對眼前移動的物體感到興趣，同時這也是守宮健康的其中一個表現。

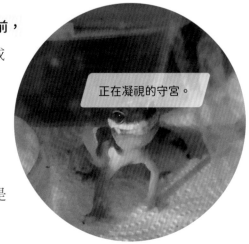

正在凝視的守宮。

守宮張嘴

　　守宮張嘴通常是受到威脅想要反擊，此時絕對不要把手指放到守宮的嘴邊，守宮有許多細小的牙齒，而且咬住敵人後不會輕易鬆口，還會做出像是鱷魚的死亡翻滾，很容易造成撕裂傷。如果**被守宮咬時，要忍住不要把守宮甩開避免牠受傷**，先慢慢的把牠放回飼養箱內，當牠感到安全時就會自己慢慢放開；若真的完全死咬著不放開，可以直接將手浸在水裡強制讓守宮張嘴。被守宮咬的傷口需要消毒清潔，最好去醫院打一劑破傷風針。

守宮張嘴。

　　守宮與人一樣也會打哈欠，有些飼養久一點的守宮甚至會直接在主人面前打哈欠，有時候也可以觀察到牠們一些奇怪的睡姿，例如：直接大字型的趴在餐巾紙上呼呼大睡，有些飼主看到還以為守宮往生了，這些都是守宮對於環境滿意才會做出的反應。

　　有時候會看到守宮**伸出舌頭舔鼻頭來感知周遭環境**外，也會觀察到守宮**舔自己的眼睛來保持清潔**，如果舔眼次數過於頻繁，可能是眼睛有異物

被守宮咬住時不要驚慌亂甩，可能造成守宮受傷。

正在感知環境的守宮。

或是有沒脫完的皮，飼主需要多加留意。另外，有時候就算沒交配，也會觀察到雄性守宮舔自己的泄殖腔，除非次數過於頻繁，不然這都是守宮的正常行為，飼主無需過度擔心。

守宮的尾巴

從守宮的尾巴也能看出守宮現在的情緒，守宮在獵食時尾巴可能會有S型的幅度擺動，如果在上手守宮時，守宮的尾巴表現出現大幅度的晃動並且拱起身體嘗試逃跑，這就是守宮感受到**威脅**的反應，此時就要趕快把守宮放回飼養箱。

而在**求偶**的時候，雄性守宮剛接觸雌性守宮時，尾巴會像響尾蛇一樣快速且小幅度的晃動，通常在晃動完後雄性守宮就會往雌性身上靠，如果此時雌性守宮尾巴大幅度的晃動並抗拒雄性守宮靠近，這就是雌性守宮拒絕交配的信號，此時需要立刻分開。最後，守宮在日常活動時也可能會不自覺地小幅度晃動尾巴，若是守宮沒有展現出**緊張想逃跑**的樣子，都是屬於正常行為，無需太過擔心。

守宮感到緊張時會抖動尾巴。

守宮娘雨人的穿搭誌

守宮如果搖尾巴

繪師：摩訶

大家好

雨寧姊跟蒔雨姊今天休息，所以由我代班來介紹守宮的小知識。

除了以前介紹過儲存脂肪當作緊急糧食，還有自割的機制來嚇阻天敵的功效外，守宮感受到危險時，也會快速抖動尾巴。

如果家裡養的守宮遇到這種尾巴快速抖動的情形，記得就不要再碰守宮了，不然可能會造成斷尾，但是如果是遇到偷食物的守宮，就不用考慮太多了。

最後就是守宮娘的尾巴還有按摩身心的功能，可以讓身心俱疲的社畜完全復活。

22 守宮也會斷尾求生
守宮斷尾或枯尾時該如何處理

　　自割斷尾是豹紋守宮的防衛機制之一，透過彈跳的尾巴來吸引天敵的注意並趁機逃跑，一般在人工飼養環境下的豹紋守宮幾乎不會自割，但當守宮感受到生命威脅時，例如：被家裡飼養的貓、狗攻擊、飼

剛斷尾不久的守宮。

主抓取守宮不當、守宮生病而導致虛弱，這些狀況守宮都有可能會自割。

　　守宮尾巴在自己眼前斷掉並不斷彈跳，初次看到的飼主都會驚慌，但

剛斷尾的傷口可以塗一點優碘來避免感染。

除了自割的場面較為血腥外，只要以正確的方式照顧，**斷尾對於守宮的健康不會有太大的影響**，而斷掉的尾巴在彈跳一陣子後就會停下。而守宮會透過肌肉收縮來封閉斷尾處的血管，來避免失血過多，可以在剛斷尾的地方塗一點優碘消毒來避免感染，同時也建議將底材換成餐巾紙來保持環境整潔。

守宮的防衛機制

繪師：摩訶

守宮具有自割的防衛機制，在遭遇危險時會斷尾求生，斷掉的尾巴會不斷彈跳來吸引掠食者，其他像是章魚、蚯蚓等都有類似的自割防衛機制。

突然想到，既然蚯蚓也會斷尾求生的話，

那我們斷掉的尾巴會不會也可以變成分身啊？

我的話會想再生另一個自己，這樣就可以多一個人分擔家事了。

想多生成一個自己，幫自己的角色練等。

靜

要是有另外一個自己，就等於我吃到兩倍的零食了！

絕對不行！

守宮斷尾需要幾週到數個月的時間才會重新再生，在這期間守宮會積極攝取食物，飼主需要每天檢查尾巴是否感染，如果發現尾巴傷口周圍有任何出血、滲出或腫脹，需要立刻帶去給獸醫看。如果是整節尾巴斷掉，重新再生的尾巴會呈現一顆圓球狀，再生的部分也無法再次自割，外觀會比原先的尾巴還胖，如果只是斷掉一部分的話，再生後的尾巴外觀會接近原本的樣子。

斷掉一小部分且正在重生的尾巴。

守宮的再生尾巴都會呈現球狀。

繪師：背包

守宮尾巴的再生

豹紋守宮尾巴如果斷尾以後再生，再生的部分無法再次自割。

這裡

重新生長的尾巴也會比原先的尾巴還胖唷！

那我看過再生尾巴的守宮喔！

是嗎？

對啊！

就是雨玥姊姊！

啊哈哈哈♡

不給看

啊啊！

那只是肥得像再生尾的胖尾巴而已。

……我聽得到喔！

我知道。

除了受驚嚇斷尾以外，若是發現**守宮尾巴呈現像是瘀血的狀況**，通常是因為**守宮尾巴長期放在加溫墊上導致慢性燙傷**，需要立刻帶去給獸醫看。除了冷燙傷外，脫皮不順、尾巴有外傷或是感染，都有可能會導致枯尾發生，如果發現時尾巴已經枯尾，雖然有很大機率會自己脫落，但也有可能會引發敗血症、橫紋肌溶解症等，建議帶去給獸醫評估後治療，避免情況惡化。

尾巴冷燙傷且有瘀血的情況。
｜照片提供｜簡宜婷

守宮尾巴枯尾。

23 守宮便便顏色怪怪的

談守宮腸胃問題與腸胃寄生蟲

　　消化道阻塞主要是一些無法消化的物質卡在守宮的消化道，導致守宮無法正常消化，嚴重的話可能會致死。引發消化道阻塞的主要原因，通常是**誤食紙巾、椰纖土、水苔、蛭石**等比較細碎的底材或是產卵盒用的介質，如果不幸誤食的話，只要量不多一般都可以隨著糞便排出。若發現守宮誤食底材後，超過 5 天沒有正常排便，同時表現出很不舒服的樣子需要立刻就醫。

　　如果是使用赤玉土的話，需選用最大的顆粒以避免誤食，還有應該避免使用一些遇水會膨脹的底材，例如：貓用的豆腐沙，守宮誤食這種底材很難自行排出。需要特別注意的是豹紋守宮會藉由攝取岩石碎屑，來補充礦物質的習性，如果使用爬蟲沙當作底材，有些守宮會因為天性不斷地舔食，導致腸胃道阻塞。

　　如果守宮有消化道阻塞最常見的症狀就是便秘，環境在 30°C 的情況下，守

使用水苔當產卵介質要注意守宮可能會誤食。

宮從進食到消化排出只需要 1～3 天的時間，溫度越低消化時間越久。有一些外骨骼比較堅硬的活餌，像是大麥蟲、麵包蟲，消化時間就會久一點，避免餵食像是成蟲麵包蟲這種外骨骼過於堅硬的昆蟲，容易消化不良。

　　如果有加溫但餵食後超過一個禮拜沒排便的話，可以嘗試給守宮泡溫水浴，**水溫控制在 30℃，水位到可以淹過守宮肚子一半的高度即可**，每次泡水時間大約 5 分鐘左右，若是泡太久可能會造成動物著涼，泡完水後也記得將守宮身體擦乾。在泡水的時候，需要隨時注意守宮的情況避免發生溺水，如有守宮有泡水的需求，不要多隻一起泡，除了守宮可能會互相攻擊外，生病的守宮也容易造成擴散感染。最後如果發現守宮的腹部異常腫大且食慾不振，很有可能是腸胃阻塞太嚴重，需要立刻帶去給獸醫看。

守宮泡水的高度到腹部的一半就好。

有時候守宮會因為**吃太多消化不良而嘔吐**，對於初次飼養守宮幼體的人很常發生。如果發現守宮吐了的話，應該先讓牠靜養，等 **7 天**之後再嘗試以小隻的黑蟋蟀、紅蟑或是凝膠飼料等比較好消化的食物

守宮的嘔吐物。

餵食。若是獸醫有開艾茉芮營養粉也可以使用，若只有大隻的蟋蟀或是蟑螂，可以取昆蟲的汁液裝在針筒裡餵食，如果守宮還是嘔吐或是不願意吃的話，就需帶去給獸醫看。另外，嘔吐物跟排泄物不太好區分，一般可以看旁邊有無白色的尿酸來判斷，若有白色的尿酸通常就是排泄物。

　　糞便的顏色也是守宮健康的指標之一，一般健康的糞便都是深棕色或是黑色的，如果是灰色的，可能是因為脫完皮吃掉後消化所致，如果守宮的大便呈現黃色、綠色，並有拉稀的症狀可能就有異常，需要帶去給獸醫看，同時也需要將排泄物收集後帶去給獸醫檢查，讓獸醫方便診斷，排泄物收集的方法可以參考第 26 單元「守宮生病怎麼辦？」的說明。

健康的糞便。

異常的糞便。

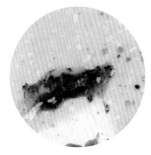

有寄生蟲的糞便。
│ 照片提供 │ 陳勇惟醫師

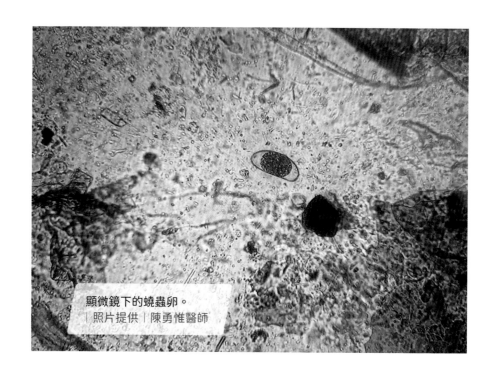

顯微鏡下的蟯蟲卵。
|照片提供|陳勇惟醫師

　　一般若是使用活餌餵食守宮，守宮的腸胃裡多多少少都會有寄生蟲，
常見的寄生蟲如：蟯蟲、線蟲、原蟲等。健康的守宮一般能與這些寄生蟲
和平共處，但若守宮身體虛弱，抵抗力下降時可能就會導致寄生蟲爆發，
會讓守宮出現精神不濟，急速消瘦等症狀，若是發現守宮有異常狀況時，
除了帶去給獸醫看外，也需要注意將生病的守宮做好隔離，避免傳染給其
他守宮。

在守宮養病期間，飼養環境需要定時清潔打掃外，生病守宮用的器具、水盆、躲避屋等都不要與健康的守宮共用，建議照顧完所有健康的守宮後再照顧生病的守宮。**在照顧時可以帶上乳膠手套來操作，降低其他守宮感染的風險**，還有抓取生病的守宮後，最好使用肥皂徹底清洗手部再抓取其他守宮。

若是使用守宮櫃飼養，將生病的守宮隔離到單獨的飼養箱會比較方便飼主照顧，一般感染寄生蟲的守宮需要依照獸醫師的指示定時服用驅蟲藥，若發現守宮有排便也需要立即清理，避免讓其他守宮接觸到後被感染。

在所有寄生蟲中，**隱孢子蟲最需要特別注意**。隱孢子蟲不易確診，可以用糞便抗酸染色或是 PCR（聚合酶連鎖反應）進行診斷，但是確診需要以 PCR 為主，甚至會需要搭配病理解剖，同時具備**高度傳染力**。若是飼養環境髒亂很容易傳染給其他守宮，目前隱孢子蟲症並沒有任何特效藥可以完全根治，若是家中有飼養多隻守宮時，甚至會建議安樂死避免傳染給其他守宮。**建議購買新的守宮時都需要做 1 ～ 2 週的隔離**，確保守宮個體健康無虞後，再移至守宮櫃裡長期飼養，較能降低其他守宮感染的風險。

24 守宮的腳好像沒有力氣？

是守宮缺鈣了！

因缺鈣而導致四肢變形的守宮。

豹紋守宮最常見的疾病之一就是 NSHP——營養性繼發性副甲狀腺機能亢進，通常發生的原因，多數是長期缺乏鈣質、維生素 D3，或是飲食的鈣磷比失衡所導致的。

豹紋守宮在野外會舔食岩石碎屑，與短暫的日光浴來確保鈣質與維生素 D3 的獲取，在人工飼養的環境下，主要需要透過額外的營養補充劑或是 UVB 燈才能獲取。飼養環境中發生 **NSHP 最常見的原因**就是沒有餵食**鈣粉**，或是餵食的鈣粉不含有**維生素 D3** 所導致。維生素 D3 是促進鈣質的吸收，如果餵食的鈣粉不含維生素 D3，守宮也無法吸收使用。另外，我們常使用的蟋蟀、紅蟑等活餌，鈣磷比都很低，所以才需要額外搭配鈣粉來使用。

　　NSHP 除了**影響骨骼發育**外，也會使**神經系統受損**，甚至會**影響全身的內分泌功能**，初期症狀除了食慾不振、精神萎靡外，還有會不受控的抽蓄顫抖，守宮會因四肢無力而無法支撐起身體，只能拖著身體爬行。

　　NSHP 到了後期會造成守宮肢體變形，四肢會彎曲而呈現弓形並且腫脹，脊椎也可能扭曲變形，尾巴也會因缺鈣而變成像是閃電的形狀，一般俗稱**「閃電尾」**。再嚴重一點會導致守宮下巴變形而進食困難，同時四肢變形容易有卡皮的症狀，最後可能因為無法進食導致營養不良、神經系統受損嚴重而致死。

閃電尾。

初期發現 NSHP 時立即接受治療通常都能好轉，若到後期已經有明顯的肢體變形，就算治療了也只能讓情況不再惡化，變形的四肢也無法恢復，會對守宮未來的生活品質造成很大的影響，例如：脫皮不順或是進食困難，受損的神經系統需要更長的時間恢復，飼主也需要付出更多的耐心來照顧。若發現有 NSHP 初期的症狀，請盡早尋求獸醫幫助！

另外，日常的預防也是相當重要，**每餐餵食建議都可以添加維生素 D3 鈣粉**，鈣粉的牌子可以採用較多人使用的品牌，選購時須注意維生素 D3 的含量，若維生素 D3 含量過低，吃了鈣粉也沒有效用，目前對於 D3 的含量要多少才有效並無相關研究，可以用大家常用的鈣粉品牌來當作參考基準。

守宮初期缺鈣的前腳，因骨折而明顯腫脹。

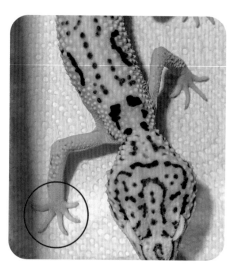
健康守宮的前腳。

25 守宮也會換新衣
守宮脫皮時的處理

豹紋守宮在成長的過程中會伴隨著無數次的脫皮，主要是因為爬蟲類的表皮無法像人的皮膚跟著個體一起成長，**需要透過脫皮長出新的表皮才能適應成長的身體。**

當發現守宮的表皮開始變白時就是要脫皮的徵兆，一般沒有白化基因的守宮會非常明顯，守宮的表皮會變得越來越白，等到表皮開始脫落時，守宮就會開始摩擦粗糙的地方或是泡在水盆裡開始脫皮，一般會從頭部的皮開始，然後守宮會用嘴巴脫下四肢與尾巴的皮並吃掉，有一個說法是因為守宮在野外害怕脫下的皮會引來掠食者，所以才會把皮給吃掉。

準備脫皮的守宮。
│照片提供│呱呱媽

守宮脫皮都從頭部開始。

脫皮需要注意的事情

繪師：玖歲

成體以後大約2～4週會脫一次皮。

豹紋守宮會隨著時間而脫皮成長，

全身變白的時候就是要脫皮了，可以用噴霧器噴水提高濕度來幫忙脫皮。

不要硬扒喔！

則建議找專業的獸醫師處理。

如果發現守宮眼睛裡有沒脫掉的皮的話，

自動脫皮場聽起來很可怕欸。

說真的，實在是很累人的一項工作，難道不能像自助洗車廠一樣弄個進去出來就乾淨的裝置嗎？

守宮脫皮的過程非常快速，可能從發現皮膚變白到脫皮結束，只需要幾個小時到 1 天就結束，常常在飼主發覺前就完成了脫皮，所以很多人都會納悶為何沒有看過自家的守宮脫皮。而**守宮一年四季都會脫皮**，脫皮也沒有一定的間隔時間，**幼體到成體階段脫皮會較為頻繁**，可能 1 週就會看到牠們脫 1 次皮，等到**完全成體時脫皮次數會降低**。

雖然守宮脫皮是一種很常見的行為，但若環境條件不對或是守宮不健康會發現牠們脫皮不完全，常見脫皮不完全的原因有幾種：

❶ 環境太過乾燥：這是守宮脫皮不完全最大的主因，通常可以透過放置水盆或是定時對環境噴水增加濕度來改善，或是觀察到守宮要脫皮時在噴水增濕，也可以減少牠們脫皮不完全的機率。

❷ 守宮健康狀況不佳：守宮身體狀況不佳時常常會連脫皮的力氣都沒有，進而導致脫皮不完全，此時飼主需要伸出援手來幫助牠們。

❸ 缺乏維生素：一些眼部疾病和脫皮不完全都與缺乏維生素 A 有關，若發現守宮有卡皮的狀況，可以讓守宮攝取一些維生素，以改善脫皮的情況。

如果發現身體或尾巴有脫皮不完全，只需要將守宮噴濕後就可以輕鬆撕下來。另外**腳趾卡皮**是最常見的，如果發現守宮腳趾有卡皮，可以讓牠們泡一下溫水浴，水位高度只需要能完全浸泡腳趾即可，水溫控制在28°C ～ 30°C，泡約 10 分鐘即可軟化舊皮，此時只需要輕輕搓揉即可把腳趾的皮去除。

　　有時候會發現腳趾的皮卡了很多層，需要多一點耐心一層一層的剝，過程中可能會造成守宮趾甲斷裂或是流血，發生這種情況時不用太擔心，守宮的趾甲只要不是整隻腳趾斷掉都還是會長回來，**腳趾流血時只需要保持環境乾燥很快就會凝固結痂。**但要特別注意的是，腳趾如果卡了很多層皮太久，可能會造成血液不流通而組織壞死，最後變成斷趾，所以最好時常觀察守宮的腳趾是否有卡皮，若有發現需要盡快處理。

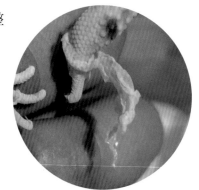

腳趾卡皮。

　　如果發現守宮的**頭部有卡皮**需要特別小心，將**守宮頭部的皮膚噴濕後再緩緩撕下**，特別要注意的是眼瞼跟內耳的皮，最好可以一次撕下來。如果無法一次撕下來的話，眼瞼上的皮可以使用夾隱形眼鏡的小鑷子輔助，動作需要非常小心，否則容易傷到眼睛導致感染，如果沒把握處理好的話，可以請獸醫協助處理。另外**內耳的皮**如果無法撕下來的話最

頭部卡皮。

給守宮一個濕窩可以增加守宮脫皮的成功率。

好先放置不管，通常在下一次脫皮時舊皮也會跟著一起脫掉，自己動手常常會因力道控制不好而傷到守宮。

可以給守宮用椰纖土加小盒子**布置一個濕度較高的窩**，比照產卵盒的布置即可，可以讓守宮更容易完成脫皮，若是守宮有在內部排泄，記得要將糞便清掉，避免發霉。如果發現守宮常常會有脫皮不完全的情況，**可以給守宮補充一點綜合維生素**，可以改善脫皮不順的情況。另外，市面上也有販售給蜥蜴使用的脫皮劑，如果守宮身上有舊皮無法撕下來，也可以**使用脫皮劑來輔助脫皮**。

爬蟲專用的脫皮劑。

26 守宮生病怎麼辦？

看獸醫前的準備

　　當飼養的守宮生病要看獸醫前，有些事項預先準備好可以讓診療過程更順利，以下是看診前重要的準備事項。

　　如果守宮的糞便異常，請盡可能收集守宮的大便樣本，收集完後可以用夾鏈袋加上生理食鹽水保存，然後放入冰箱內冷藏，這對獸醫的診斷非常有幫助，特別是需要檢查蟲卵或其他寄生蟲的時候。如果糞便樣本不完美或收集困難，例如：在拉肚子的糞便不易收集，你也可以收集含有一些大便的紙巾，獸醫仍可進行一些基本的分析。如果是看診當天新鮮的大便就不用冷藏，直接帶去給獸醫師檢查就好，**如果有嘔吐物也可以用一樣的方式保存**，並帶去給獸醫師檢查。

將糞便收集好後放入冰箱冷藏保存。

除此之外，拍攝守宮的環境、食物、營養補充品和使用的工具照片可以為獸醫提供更多資訊，這些**實物照片**有助於讓獸醫更了解你的守宮的生活狀況。

記錄守宮發病的時間、餵食頻率與體重變化也很重要，最好主要照顧者能夠與守宮一起到醫院，可以更準確地回答獸醫的問題，若是幫朋友或是家人帶守宮來看病，也可以先與原飼主詢問之前的飼養狀況，還有索取飼養環境的照片，方便獸醫師做後續診斷。

在運輸守宮時要確保容器是完全密封與通風的，不要用太大的箱子運輸守宮，不然在運輸過程中，守宮可能會因路況顛簸而撞來撞去導致受傷，還有溫度也要控制在適宜守宮的範圍，不要將守宮放置在機車的車廂內，夏天時車廂溫度過高會導致守宮死亡。

來診所前也可以先準備好筆記，**將想問的問題條列出來**，以便獸醫能夠更有效率地回答，一般診間**未經允許都是禁止錄音、錄影的**，在與獸醫討論時可以用筆記本或是手機記錄，記錄完後可以再與醫師核對內容，確認記錄的內容是與醫師所想傳達的相同，避免飼主與醫師的理解不同。

如果你的守宮之前接受過其他獸醫的治療，或者正在使用**藥物**，看診時最好帶上藥物清單、Ｘ光片和病歷，這對新的獸醫很有幫助。如果你要轉診，可以誠實告知之前的獸醫，他們也可以提供你一些需要的資訊。

與獸醫討論守宮的病情時，一定要誠實回答獸醫的問題，不要因為害怕被罵而說謊，誠實的回答有助於獸醫更準確地評估治療方案和預後結果。

在諮詢獸醫前，可能也需要考慮你的**預算**，才能在診療過程中與獸醫討論這個問題。獸醫會根據預算來選擇必要的檢查項目，也不要因為預算問題而避免必要的檢查，有些疾病即使能夠在不檢查的情況下就判斷得出來，但檢查仍然是重要的，因為能夠避免認知偏誤和醫療糾紛，即便醫師對狀況有很大的把握，他們還是會問你是否願意進一步檢查，這是因為有些人會對動物有沒有潛在的問題感到擔心，或是一些複雜的疾病，可能需要更完整的檢查才能找到關鍵的線索。

準備這些事項並與獸醫保持開放和誠實的溝通，可以大大幫助你的守宮在生病時獲得最好的照顧。記住，**獸醫是你的盟友**，他們的目標就是幫助你的寵物恢復健康。

正在採血的守宮。
｜照片提供｜陳勇惟醫師

27 其他常見的疑難雜症與預防

將前面沒提到的,在本單元一一列出。希望透過更深入的了解和準備,讓你們能夠為守宮提供更好的關愛和照顧。

皮外傷

例如:**交配時不小心被另外一隻守宮咬傷、不小心被樹皮磨破**等,如果發現有小傷口的時候,環境要保持整潔,底材可以改用餐巾紙。若是傷口有沾到塵土之類的,可以用生理食鹽水沖洗後再塗上一些優碘,正常 2 天守宮的傷口就會結痂,經過幾次脫皮後就會自己痊癒。若是發現傷口超過 2 天沒有結痂依舊濕潤的話,就需要帶去給獸醫檢查,避免傷口惡化。

守宮皮外傷。

腋下泡

　　守宮的前腳腋下，在正常的情況下會看起來像是一個凹洞，有時候會腫起，產生腋下泡，摸起來像是水球一樣。**「鈣囊」**是豹紋守宮玩家之間對於這種腋下泡的俗稱，守宮為何會生成腋下泡目前沒有相關研究，目前流傳於守宮玩家間常見的說法是，如果**守宮過胖**或是**攝取營養素過多**就會產生腋下泡，而腋下泡主要功能是**儲存多餘的營養素或是脂肪**。

有腋下泡的守宮。

　　如果發現守宮有腋下泡時，可以稍微減少餵食量或是拉長餵食間隔，過一段時間後腋下泡就會自己消失。

守宮變色

體色深淺不同的伊朗豹紋守宮。

　　豹紋守宮的體色除了脫皮以外，**顏色也會隨著環境溫度等因素有明顯的深淺變化**，一些如暴風雪、輕白化等單色品系就可以看出明顯差異。有一些體色較深的品系到了一定年紀後身體的顏色也會變得黯淡，例如：一些年輕時體色很濃郁的選育橘化，到了 4、5 歲後體色就會開始變得黯淡。

陰莖脫垂

　　陰莖脫垂是指**雄性守宮在交配或日常清潔後，生殖器無法順利收回的情況**。如果發現有陰莖脫垂的現象，可以用棉花棒沾一點飽和糖水，輕微的觸碰守宮的生殖器給予一點刺激，10分鐘後觀察是否有收回，若無收回則須趕緊帶去給獸醫處理，在等待獸醫看診前，請定時給守宮外露的生殖器沾塗一些飽和糖水保持濕度，避免生殖器乾燥。有時候發生陰莖脫垂太晚發現，會讓生殖器像是結痂一樣乾掉，通常過幾天就會自行脫落。

陰莖脫垂。

陰莖撕裂傷

　　在守宮交配後如果發現有一灘血漬，通常是雄性守宮的陰莖受傷。若是在交配完，雄性守宮有照常清理自己的生殖器並順利收回，只需要讓牠休息3～4週就可以痊癒，但要時刻注意牠的生殖器是否有腫大發紅等異常，若有的話也需要盡快帶去看獸醫。

交配過於激烈而導致半陰莖流血。

精莢阻塞

　　成體的公守宮，有時候半陰莖會有透明分泌物產生，那是守宮的精液。一般雄性守宮都會自己定時清理，但有些累積較多的會硬化而形成**精莢**，若是累積過多可能會導致生殖器化膿等狀況，如果你看到守宮的半陰莖有紅腫或是異常腫大的情況需要立刻帶去給獸醫處理，引發精莢阻塞的原因目前還未得到證實，但有些人認為與缺乏維生素A和濕度過低有關，若是守宮時常發生精莢阻塞的情況，可以往這方面去調整飼養方向。

守宮正常的排出多餘的精子。　　　　雄性豹紋守宮的半陰莖腫大，可能
　　　　　　　　　　　　　　　　　　就是精莢阻塞。

脂肪肝

　　脂肪肝通常是因為**肥胖與食用過多的高脂肪食物**所引起，如果家裡的守宮過度肥胖、精神不好、活動力下降、食慾不振、腹部腫大以及體重異常下降的症狀，可能就是有脂肪肝，需要帶去給獸醫檢查，避免脂肪肝的

最好方法就是控制好守宮的
日常體重，可以參考第 13 單元中
提到「守宮的黃金成長期與體重的
迷思」的部分。

體態過胖的守宮可能會有
脂肪肝等健康問題。

口腔或鼻頭受傷

　　如果觀察到守宮的嘴巴兩側出現紅腫，或嘴巴沒有完全閉合，可以直接觀察到牙齦露出，並且牙齦上有細微的傷口甚至是壞死流膿的情況，或是鼻頭化膿腫脹，同時守宮也變得食慾不振，那很有可能就是口腔或是鼻頭受傷。造成的原因可能是在**餵食時守宮不小心咬到夾子**，或是**被過大的成體黑蟋蟀咬傷**，若是放任不管可能會因**細菌感染而化膿壞死**，若是發現有口腔受傷需盡速帶去給獸醫看，通常配合獸醫的治療都可以痊癒。

　　在用夾子餵食守宮時也需要注意餵食的角度，盡量讓守宮是咬住餌料而不是夾子，餵食成體黑蟋蟀或是大麥蟲時最好可以捏碎頭部再餵食，避免守宮被咬傷。

被蟋蟀咬傷鼻頭的守宮。

慢性燙傷

慢性燙傷又叫**冷燙傷**，是指守宮因為**冷熱區空間比例不對**，守宮長期待在熱區休息導致腹部或是尾部慢性燙傷，初期症狀會發現守宮的腹部與尾巴有類似瘀青的傷痕，這時候就需要立刻帶去給獸醫看，若是拖太久的話可能會導致尾巴枯尾，嚴重的話甚至有致死的可能。

尾巴慢性燙傷的守宮。
│照片提供│陳勇惟醫師

一般配合獸醫的療程，初期症狀的慢性燙傷都可以痊癒，而要避免慢性燙傷最好的辦法就是日常使用加溫片時要注意冷熱區的分布，冷熱區都要有能容納守宮全身的空間，還有加溫片的熱點會達 35°C 以上，日常使用一定要搭配溫控設備，將溫度設置在 **30°C左右**就很適合豹紋守宮了。

眼疾

如果有發現守宮的眼睛有**異常的分泌物**或是**明顯的腫塊**，通常是**細菌感染**或是**結膜炎**，都需要帶去給獸醫治療，若置之不理可能導致守宮失明。通常發生眼疾的狀況是皮沒脫乾淨或是被木塊等底材刺傷眼睛，初期症狀通常可以觀察到守宮的眼皮被分泌物給黏住無法正常開闔，嚴重時守宮的眼睛會異常腫大。

眼睛有分泌物的守宮。

部分爬蟲類的眼睛疾病與維生素 A 有關係，若是發現守宮常常有脫皮不乾淨，眼睛就容易卡皮造成眼疾，餵食守宮時可以補充爬蟲專用的綜合生素，一般卡皮的情況都能得到改善。

挾蛋症

如果觀察到雌性守宮懷孕後，一直在產卵盒裡面挖土，卻遲遲沒有生蛋，並且這樣的情況超過 1 個禮拜，很有可能是挾蛋症。雖然有可能會自行排出，但有時候蛋會硬化而無法順利排出，必須要帶去給獸醫動手術取出，**若是守宮肚子已有成形的卵超過 2 週還未生產的，建議都帶去給獸醫檢查會比較好。**

得挾蛋症準備動手術的守宮。
| 照片提供 | 巢 Nest

個體先天缺陷

在繁殖守宮時可能會遇到出生的子代有先天缺陷，例如：**眼瞼發育不完全、圓尾巴、四肢發育不完全**等，除了守宮親代基因的影響外，也可能是因為在孵蛋的過程中溫度震盪過大所導致，但這種外在的先天缺陷對於守宮的健康都不會有太大的影響，在正常的飼養下依舊可以順利長大。

天生短尾的守宮。

謎病

「謎病」是一個統稱，泛指**守宮出現走路不穩、吃東西咬不準、平衡感很差的狀況**，早期謎病只會出現在「謎」這個基因上，所以才會稱作「謎病」。近年來守宮因近親交配等問題，少數多基因的個體也會有類似謎病的狀況發生，謎病對守宮健康的直接影響較小，只是照顧起來比較費心，因此不建議新手購買這樣的個體，在選購守宮時也建議先詢問賣家個體是否有謎病的症狀。

有「謎」基因的守宮常常因平衡感不好而跌倒翻身。

28 守宮餵藥教學

照護守宮有時需要進行藥物治療，接下來教你們如何幫助守宮進行藥物的餵食。

❶ 用大拇指按住頭部，食指按住下巴固定。

❷ 食指施力控制守宮將嘴巴側邊撐開。

❸ 從嘴巴旁邊的縫隙用針筒滴藥餵食，1次滴0.1毫升的藥。

❹ 可以看到藥從牙縫流進嘴巴才稍微放開牠的頭，這時守宮就會把藥舔進去。

舔完後重複上面的步驟，要注意藥不要擠太快、太多，很容易讓守宮嗆到。如果使用塑膠管餵藥的話，要注意守宮有可能會咬斷塑膠管，咬斷的部分可能會被守宮誤吞，可以用食指跟大拇指去控制守宮的頭部會比較好操作，不要按壓到牠們的頸部，這可能會讓守宮因難受而劇烈掙扎。

29 守宮過世時該如何與牠道別

　　獸醫的工作是爲你的守宮**提供最好的醫療照護**，並嘗試治療牠們的疾病，但是和人類醫生一樣，獸醫並不能保證所有治療都會成功，有些疾病和狀況已經太嚴重，或者病情進展得太快，即使是最好的獸醫也無法使守宮恢復健康。

　　若是因病情太嚴重使守宮在治療過程中不幸過世，並不代表你或獸醫做錯了什麼，不要爲此太過自責，這是生命中無法避免的一部分。每一個生命無論多麼強壯，都有結束的一天，你可能需要時間去面對、處理這個悲傷的事實，你的守宮也是家庭的一員，失去牠們就像失去一位家人一樣。

　　守宮過世後，若想了解守宮的死因，可以委託獸醫院進行解剖，作爲**後續調整飼養方向**的參考。但若不想打擾已經往生的守宮，你也可以選擇將其遺體安置在家中的花盆裡，讓生命的輪迴在此完成。經過幾個月的時間，守宮的遺體就會自然分解，成爲花盆中的一部分，不僅象徵著生命的延續，也是對守宮最自然、最溫馨的告別方式。

　　應避免將守宮**埋葬在公園或其他公共空間**，因爲這可能會**違反相關的法律規定**，寵物火化也是一個尊重且是送守宮走上最後一程的選項，一般可以委託獸醫院協助火化。

如果你希望以另一種形式緬懷你的守宮，也可以選擇**將守宮的骨骼製成標本**。這種方式不僅可以讓你保存守宮的形象，也是一種特別且具有教育意義的方式來紀念你的寵物。

無論你選擇哪種方式，重要的是要以你覺得最適合的方式去紀念你的守宮，並且讓你能夠與牠們的記憶共享生活。在這個過程中，你可能會感到悲傷、失落，這都是正常的。請給自己足夠的時間去面對這些感受。記得，無論如何，你都給了你的守宮一個愛牠們的家，牠能遇見你，是牠一輩子的幸運。

第 **5** 篇

豹紋守宮先生／小姐的結婚日誌

30 繁殖守宮前需要準備的事情

　　飼養多隻守宮的人幾乎都有自己的培育計劃，繁殖季到來時，除了有許多要準備的工作事項跟需要注意的細節外，繁殖前也需要經過仔細的評估，本單元整理了在繁殖豹紋守宮時需要注意及評估的事項。

1　**需要先進行公、母守宮的判斷。**在繁殖守宮前最基本的就是要有一對豹紋守宮才能繁殖，可以觀察守宮靠近尾巴的下側，位於泄殖腔的位置。雄性豹紋守宮在泄殖腔附近有可見的**「V」型前肛孔**和明顯的**半陰莖凸起**。雌性豹紋守宮則沒有。在確認性別時確保輕拿輕放守宮，否則守宮可能會受到**驚嚇**而**斷尾**，也可以將守宮放在透明飼養箱內檢查性別。

V 字型孔　　　半陰莖凸起

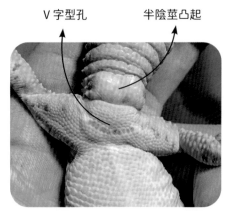

雄性泄殖腔，有明顯的 V 字型孔與半陰莖凸起。

雌性泄殖腔則沒有明顯的 V 字型孔。

② **繁殖前須確保公、母有達到能夠繁殖的標準以及公、母守宮體型是否接近**，若公、母體型相差太大時會不易交配成功，體型較小的一方也容易感到壓迫，公、母繁殖的標準可以參考第 31 單元「守宮適合繁殖的時機與發情期來臨的徵兆」介紹。

③ 若有多對守宮要繁殖時，**孵蛋與生蛋用的器具可以事先準備好**，包含雌性守宮的產房、椰纖土、孵蛋用的蛭石等。

提前準備好守宮繁殖的用品，能讓飼主不會手忙腳亂。

④ 最重要的是**小守宮孵出來前就需要先評估準備的事項**，包含以下幾點：

- **小守宮住的地方**：是否有規劃足夠的空間給孵化的小守宮住，原本可能只有飼養 2 隻，但是可能生完 1 年就會養到十幾隻。

- **小守宮的食物來源**：剛生出來的小守宮，有少數個體可以嘗試用凝膠飼料訓練進食，訓練初期非常耗費心力，如果不採用飼料餵食，那就會需要準備小蟋蟀或是小蟑螂給小守宮吃，是否能確保食物來源無虞？

- **小守宮最終的去處**：如果繁殖出來的守宮自己不打算飼養，那小守宮該何去何從？

⑤ **豹紋守宮繁殖也有一定的風險**。除了交配時雙方都可能被彼此**咬傷**外，還有母守宮會有**難產**的風險，雖然難產發生的機率不高，但是等到發現時，往往都需要動手術治療，手術費用都是萬元起跳，若要繁殖得先想想自己能否承受這樣的風險。

　　守宮的產量很驚人，**健康守宮1年可生超過10顆蛋**，如果有多隻母守宮同時下蛋，那數量更是驚人，很容易超出飼主預期。如果沒有做好準備就繁殖，光是孵化後需要照顧的幼體就能讓人感到崩潰。還有生下來的幼體通常都會賣掉，或是轉送給想養的朋友，但一般人身邊哪有那麼多剛好想養守宮的朋友，轉送後還得要擔心守宮能不能被妥善照顧。

　　想要賣掉的話，如果沒有認識的人介紹，銷售管道又少，也不容易販賣掉，最終剩下的個體就得全部自己養著，守宮的壽命長達10年以上，飼主得照顧、陪伴牠們一生，原先養1隻守宮是樂趣，變成養幾十隻後就是災難的開始。

　　如果是新手想要嘗試繁殖守宮，也不打算自己培育品系，單純只是想體會生命的誕生與照顧新生命的過程，建議一對守宮投入繁殖就好，如果沒有繁殖成功就算了，明年還有機會再挑戰；如果是想挑戰培育自己的品系的人，建議投入1公2母繁殖就好，也請先計算好幼體孵化的品系組合中，自己想要的品系機率有多少，應該盡量降低繁殖出副產品的機率。

每到產季時都會有許多小守宮出生。

31 守宮適合繁殖的時機與發情期來臨的徵兆

　　一般正常飼養下的豹紋守宮大約 8 ～ 10 個月、體重達到 50 公克以上就會性成熟，判斷是否性成熟的標準是看雌性是否有**排卵**，雄性則是看遇到異性是否有**求偶**的反應，但體重跟年齡不是判斷性成熟的唯一標準，有些體重較輕的守宮只要年紀到了還是有可能發情，環境溫度變化的刺激也與守宮繁殖息息相關，建議守宮在體重達標並經歷過一個冬天後再進行繁殖。

　　以台灣的氣候來說，經歷每年 1、2 月的寒流後，守宮就會陸續進入發情期，可以觀察到雄性守宮的前肛孔會分泌明顯的**蠟條**，這個時候牠們的脾氣也會比平常還暴躁、神經質，在抓取的時候要特別小心，不然很容易被守宮咬傷。守宮的食量也會開始變少很多，在發情期間甚至可能長達 3、4 個月都不會進食，尾巴也會跟著消瘦，但只要守宮的精神跟糞便狀況都正常的話就不用太擔心，等發情期結束就會開始進食了。

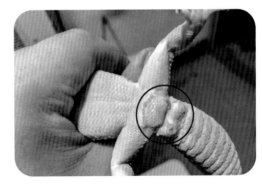

發情期時雄型守宮的 V 型孔會分泌蠟條。

雌性守宮發情時會有米黃色的卵泡。
│圖片提供│巢 Nest

而雌性守宮發情後肚子會出現多個米黃色區塊，除了可以看到血絲外，中間還有一個小紅點，俗稱「卵泡」或是「濾泡」，如果雌性守宮沒有交配的話，大多數卵泡經過幾週後就會消失，但有的卵泡會變成未受精的成型卵，此時就需要準備一個產卵盒給牠下蛋，不然很容易造成挾蛋症，就是俗稱的「卡蛋」。

雌性守宮在發情期間會變得不愛吃，等卵泡消失後就會恢復食慾。還有雌性守宮在交配時需要特別注意體重是否有達標或是過重，體重過輕的雌性守宮就算發情也不建議交配，讓卵泡自然消失就好，否則容易因為體質虛弱導致難產死亡，體型不到標準就進入繁殖的母守宮，也會優先將能量消耗在繁殖上，導致之後母守宮的成長停滯。體重過重的守宮在生產時比較容易發生卡蛋的症狀，也較不容易懷孕，因此不建議為了繁殖而將母守宮的體型養得過胖。

守宮青春期的到來

繪師：摩訶

雨靜

多少吃一點東西吧⋯⋯

⋯⋯

雨靜應該是青春期到了。

有些守宮因為青春期到了，就會變得比較沒有食慾。

真是的⋯⋯有時候身為守宮還真麻煩。

⋯⋯

說得沒錯！

變得會吃一堆東西，真麻煩！

妳倒是給我適可而止！

185

32 豹紋守宮的交配過程

① 將 1 公 1 母的守宮放在一起，公守宮看到母守宮後，牠的身體會拱起來，尾巴也會像響尾蛇一樣快速晃動。

② 尾巴快速晃動後，公守宮會嘗試咬住母守宮的身體或是尾巴。

③ 若母守宮不願意交配會劇烈掙扎，此時需要把牠們立刻分開。

④ 如果母守宮沒有反抗，公守宮會嘗試咬住母守宮的側頸來定位。

⑤ 公守宮會用後腳固定在母
守宮的骨盆上，並嘗試將
半陰莖插入至母守宮的泄
殖腔中。

⑥ 完成射精後母守宮會掙扎想
逃離公守宮，可以藉此判斷
是否有成功交配，此時也可
將兩隻守宮分開。

⑦ 公守宮在完成交配後會清潔
自己的生殖器。

⑧ 有時候雄性守宮沒將陰莖插
進去就射精，這樣就需要再
重新交配一次。

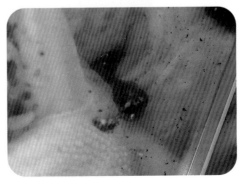

33 守宮媽媽準備下蛋了

孕期準備與如何準備產房

在成功交配之後，**雌性豹紋守宮的妊娠期約 2～4 週**，之後可以觀察到有成形的卵，在此期間請盡量避免一切非必要的干擾。在妊娠期間母守宮會需要更多**鈣質**，可以在給母守宮的食物沾取比平常更多的鈣粉，交配之後的母守宮會為了獲得更多的能量來產卵，都會**食慾大增**，若妊娠期間母守宮願意吃的話都可以餵食，但還是要注意避免餵食過多。

在發現肚子有成形卵後，如果母守宮沒有什麼食慾，或者一直在挖掘底材，就是要臨盆下蛋的徵兆，這時候需要幫守宮布置好產卵的環境。

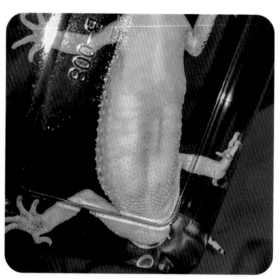

肚子有成形卵的豹紋守宮。

產卵盒可以用一般的**保鮮盒**，高度至少在 5 公分以上，**小型的飼養盒**也是不錯的選擇。產卵盒的底材可以用椰纖土、水苔等比較保濕的材質，泡水後只要是用手擠壓至不會出水的濕度即可，將水苔或是椰纖土放入塑膠盒內撲滿至少 1.5 ～ 3

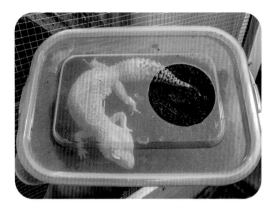

產卵盒可以用一般的保鮮盒做加工，也可以直接用小號的飼養盒。

公分的厚度，之後放置在飼養箱內的其中一角即可，約 3 天觀察 1 次底材的濕度，若表面變乾可以噴一點水來保持底材濕度，如果有**底材挖掘回填的痕跡**，就表示母豹紋守宮已經產完卵。

母守宮準備下蛋。

　　守宮具有儲精的習性，在交配 1 次以後就可以產下 1 ～ 8 窩以上的卵，每 1 窩 1 ～ 2 顆，將蛋拿出來以後，再將產房放回飼養箱內讓守宮繼續下蛋就好，若是守宮有在產卵盒內部排泄，記得要將糞便清掉，避免發霉，另外如果有開加溫的話，產卵盒要放置於冷區，避免產卵盒內部溫度過高。

豹紋守宮的卵。

如果發現母守宮挖掘底材以後，一直待在產卵盒內部，超過一周沒有下蛋，可能是環境不適合導致守宮不願意產卵。如果發生這樣的情況，請準備一個至少 A4 大小的飼養箱，以椰土鋪滿至少 5 公分高讓牠產卵，**若是拖太久導致蛋硬化就容易難產死亡**，若這樣守宮兩天內還是沒有下蛋的話，就需要立刻帶去給獸醫檢查。

因太久未排出而硬化的卵。

守宮有時會將蛋生在產卵盒外頭。

如果發現蛋沒有下在產房內，而是黏在奇怪的地方時，可以用水彩筆或是毛筆沾水，將蛋輕輕剝離的同時，用筆將黏合處弄濕一點，可以讓蛋好剝一點，如果兩顆蛋黏在一起也不用分開，只要溫度跟濕度合適都可以孵出來。

母守宮生完以後可以幫牠補身子，除了**日常餵食的蟋蟀、飼料**外，也可以加入一些蠟蟲，**蠟蟲的脂肪與鈣質含量很高**，很適合剛生產完的守宮補身體用，但切勿不要餵太多，避免守宮之後挑食。

34 讓守宮寶寶順利孵化

孵蛋盒的準備

蛋生出來後可以用手電筒照照看，如果有**紅色的胚胎（俗稱「靶心」）與血絲就代表是健康的受精卵**，如果沒有發現紅色靶心也沒關係，有些會等幾天後才浮現。卵產下後再來要布置一個合適的孵蛋環境，孵蛋的底材一般可以用**蛭石**當底，蛭石的濕度只要手用力握緊不會出水即可，上面可以鋪一點**珍珠石**，以防幼體剛出生時身體沾黏太多蛭石，但沒有珍珠石也沒關係，幼體也可以順利孵出。

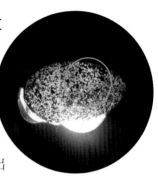

紅色的圓圈就代表
蛋有成功受精。

可以用細一點的麥克筆在蛋的正面畫一條線當記號，在日後檢查蛋的發育狀況時比較不容易搞混正反面，之後將蛋半埋在蛭石裡即可。另外也有人用**蛋托**來放卵，避免剛出生的幼體與蛭石沾黏，蛋托底部只需要放置蛭石保濕即可。

孵蛋盒用蛭石搭配珍珠石，就能很好的
保持濕度。

用蛋托孵化的豹紋守宮。
｜照片提供｜王信富

要注意孵蛋盒是否透氣，如果是使用一般的布丁杯或是保鮮盒，記得在盒子側邊戳幾個洞確保空氣流通。

孵蛋盒內的水分也會散失，如果看到蛭石表面非常乾燥，可以沿著盒子邊邊加一點水直到蛭石吸水變色即可，不要直接噴水在蛋上面，如果觀

孵蛋盒需要戳一些孔，以保持空氣流動。

察到孵蛋盒上有水氣的話最好把水氣擦乾，注意**絕對不要隨意翻動正在孵化的蛋**，很可能只是不小心翻動一下就**導致胚胎死亡**。

同一窩的蛋孵化時間差一般不會超過 48 小時，但也有少數孵化時間相差好幾天的案例，若同一胎的蛋 1 顆孵出，另外 1 顆還未孵出，只要蛋沒有發出腐敗的味道都有機會孵化，靜置等待就好。

發霉的守宮蛋。
| 照片提供 | Miko Zoo

如果發現蛋表面有發霉一般不用理會，只要蛋沒有腐敗都不影響，如果有長出菌絲，只要用棉花棒輕輕移除就好，但如果已經整顆發黃凹陷，甚至有酸臭的味道，就代表卵已經壞掉了，直接拿出來丟掉就好。

守宮蛋的孵化過程

① 守宮蛋要孵化時表面會有
小水滴，通常出現水滴就
代表 24 小時內會孵化。

② 小守宮會用嘴巴上的破殼
齒自行破殼，但小守宮
通常不會馬上出來，會等
待肚子的卵黃吸收完全後
才鑽出。

③ 守宮順利孵化後就可以移
到其他飼養盒中，至於照
顧方法可參考第 36 單元
「如何照顧守宮小寶寶」。

照顧蛋時會遇到的各種情況

蛋沒有受精：超過 30 天還是沒有靶心的卵，9 成以上都是未受精卵。右圖 2 顆為同一胎的卵，左邊是沒有正常發育的未受精卵，右邊是健康發育的受精卵。

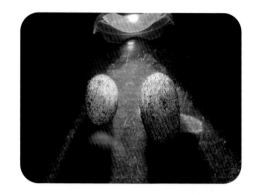

水蛋：有時候守宮生的蛋會軟軟的沒有彈性，俗稱「水蛋」，通常都是沒有受精的蛋，確認沒有紅色靶心後就可以丟掉了。如果發現有水蛋的話，建議母的可以重新交配增加受精率。

卵黃沒收完全：守宮剛孵化時，有時候破殼出來會看到卵黃還未吸收，只要將守宮放在噴濕的衛生紙上，過 1 ～ 2 天就會自己收進肚子裡面。

蛋表面凹陷：這是蛋因為缺水而凹陷，可以把蛋埋在蛭石裡半顆蛋的深度增加濕氣，如果凹陷不嚴重過幾天就會膨脹回來。有時候蛋的外殼會突然爆開，通常繼續放著不用管它，等到確定蛋壞掉以後再丟掉就好。

胎死卵中：圖右為守宮未順利孵化的蛋。守宮在最後要破殼時沒力氣鑽出來的話，就有可能溺死在蛋液裡。如果蛋超過自己預估的破殼日太久，也不要自己開蛋，通常開蛋出來的胚胎最後都是死亡。

雙胞胎：同一顆卵有可能生出雙胞胎來，但個體會嬌小很多，圖左為雙胞胎，右邊為一般幼體。

｜攝影協力｜家有爬寵

35 關於 TSD 飼主一定要知道

　　部分爬蟲類具有**溫度性別決定**（Temperature-dependent sex determination，簡稱 TSD）的機制，豹紋守宮就是其中一種。守宮孵化時有一組關鍵溫度，在這組溫度區間中容易孵化雄性，區間外則容易孵化雌性。

　　卵的環境溫度建議維持在 26°C ～ 32°C。26°C ～ 28°C 是雌性居多，29°C ～ 30°C 是雌雄各半，31°C ～ 32°C 雄性居多，32°C 以上大部分則會

剛破殼的守宮。

是雌性。高溫孵化的雌性可能也會有股孔，但是股孔內不會有鞭毛。這些雌性在習性上會更接近雄性，更具有領土意識，個性也會更加兇悍且具有侵略性。

蛋的孵化天數也會隨著溫度而增減，一般在 40 ～ 90 天左右，**溫度越低孵化的時間就會越長，溫度變化太極端可能導致胚胎的死亡，**或是產生**缺眼瞼的畸形個體**，所以孵蛋的環境需

眼瞼缺陷的守宮。
｜照片提供｜王信富

要確保溫度穩定以及溫差不會太大，大多數玩家都會用**孵蛋器**來孵蛋，除了可以**提高孵化率**外，也可以藉由**調整溫度來控制守宮出生的性別**。

使用孵蛋器時，需注意箱內實際的溫度與控制器顯示的溫度可能會有落差，可以在孵蛋箱內部放一個溫濕度計來觀測實際溫度，也需要注意孵蛋器內濕度的變化及空氣的流通，濕度過高的話會導致孵蛋箱內部有積水。

另外在環境溫度與孵蛋箱溫差不大時，大多數孵蛋箱內部的風扇與致冷晶片就不會運轉，最好每天把孵蛋箱打開幾分鐘，讓**空氣循環流通一下**。

用孵蛋機孵守宮最好定時打開換氣一下。

溫度會決定守宮孵化的性別與個性

繪師：玖歲

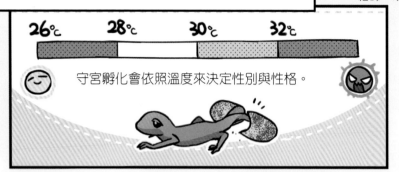

26℃　28℃　30℃　32℃

守宮孵化會依照溫度來決定性別與性格。

很不可思議耶！靠溫度決定！

也就是說我們有可能變成男孩子對嗎？

理論上是那樣沒錯吧。

我畫了大便！

男孩子……

我覺得雨玥現在這樣棒透了。

我覺得有個弟弟好像很不錯！

咦？

36 如何照顧守宮小寶寶

　　豹紋守宮從蛋出來後全身會有黏液，之後 3 天都不會進食，牠們會**吸收自身的卵黃來維生並等待第一次的脫皮**。在小守宮剛出生的 3 天內只需要確保環境的濕度跟通風就好，濕度的部分可以每天沿著容器邊邊噴一點霧狀的水或是放一個不會太深的水盆即可。

　　幼體守宮不需要太大的空間，**過大的空間反而不利餵食或觀察**，容器方面可以選用小型飼養盒或是容量 1 公升的塑膠餅乾盒，在裡面放置紙巾跟水盆即可。

黃色的部分為守宮的卵黃。

小號飼養盒很適合用來飼養幼體守宮。

在夏天時，幼體飼養的環境我們一般會維持在室溫即可，若是冬天的話跟成體一樣使用加溫片就好，使用要記得分冷熱區，若是幼體夏天養在冷氣房內記得也要用加溫片。

守宮孵化 3 天後就可以開始嘗試餵食，食物的部分可以使用守宮飼料或是活餌，飼料可以選用凝膠飼料，要注意鈣粉的添加。活餌的部分可以選擇小櫻桃紅蟑、小黑蟋蟀及小杜比亞，**挑選與守宮頭部大小差不多的尺寸即可**，麵包蟲不建議當作小守宮的主食，與其他活餌混著餵食較好，如果到成體都只餵食麵包蟲可能會有營養不均衡的問題發生。

餵食頻率上，夏天維持室溫的狀況可以 1 天 1 隻小蟑螂或是小蟋蟀份量即可，小蟋蟀可以選擇 1 ～ 1.5 公分的尺寸，等幼體成長 1 個月後體型變大一點，可以開始到 1 天 2 隻小蟋蟀的份量，或是改 1 天餵 1 隻 2 公分的小蟋蟀也可以，不過還是要看幼體自身的成長狀況來調整份量，在**餵食時一定都要沾取含維生素 D3 的鈣粉**，不然容易會有缺鈣的狀況發生。

尺寸適合幼體守宮吃的小蟋蟀。

　　幼體很容易緊張，有時候只是幫牠噴個水增加濕度就會發出警戒的叫聲，所以非必要情況下盡量不要去打擾牠，可以給予牠們一個躲避屋，能讓牠們更有安全感。

剛開始進食的幼體守宮。

照顧守宮幼體的注意事項

① 盡量維持 1 ～ 2 天的餵食頻率，讓牠有足夠的營養成長，但一次不要餵食太多，1 次 1 ～ 2 隻蟋蟀的份量就夠了。

② 餵食過多而導致小守宮消化不良嘔吐時，讓守宮休息 3 天不要餵食，3 天後嘗試用去頭、去腳的小蟋蟀或是守宮飼料等好消化的食物來餵食。

③ 幼體很容易感到緊迫，受到驚嚇會尖叫嘶吼都是正常的，不必要的情況下盡量不要去打擾牠，等飼養 3 ～ 4 個月後再慢慢嘗試上手。

④ 不要去抓牠們的尾巴，幼體時的尾巴是最容易斷的。

⑤ 如果發現幼體生下來後卵黃未吸收完全，可以將牠放在噴濕的衛生紙上，1 ～ 2 天後卵黃就會收回去或自己脫落。

守宮小時候很神經質

繪師：玖歲

這是幹嘛……？

哇

不是說守宮小時候很容易被嚇到嗎？

雨靜真不配合——

嬰兒都不見得會被剛剛那招嚇到吧。

說起來，雨靜現在為什麼在滑FB啊？

就打發時間……有哪裡奇怪嗎？

今天不是魔法少女梅梅露手遊活動的最後一天嗎？

今天——？素材還沒農完！

神經質領域不同的守宮娘

37 其他繁殖須注意的小事項

- 有時候公守宮咬住母守宮後會在原地發呆，這時候可以戳公的 2 下，通常外力刺激後公守宮就會繼續交配。
- 公的有一對半陰莖，兩邊有獨立功能，隔天就可以再交配 1 次，可以觀察到牠 2 次所使用的是不同邊的半陰莖。
- 有研究顯示母守宮經過多次交配可以提升受精率，不管是同一隻公守宮或是不同隻都可以。

有些守宮交配時會頭尾不分，飼主可以幫牠調整一下位置。

- 如果同 1 隻母的與 2 隻不同品系公的分別各交配 1 次，2 隻公守宮的基因，子代都有可能會遺傳到，甚至有可能同一胎兩顆蛋的父親各是不同隻。

- 如果公的跟母的放一起後，母的尾巴快速震動並想要逃跑，就代表還不想交配，過 2 天後再試試看。

- 交配前可以先用夾子輕輕地夾母的脖子，假裝是公的在求愛，如果母的沒有積極反抗就代表願意交配。

- 如果母守宮極力想掙脫但是公守宮咬住不放開時，很容易造成母守宮受傷，可以在公守宮咬住時稍微接觸一下牠的身體，公守宮通常會為了喬位置而鬆嘴，就可以趁機將雙方分開。

- 雌性守宮會儲精，交配過 1 次後就可以產下多次的卵，甚至有觀察到雌性守宮隔年春天沒交配依舊產下健康的受精卵。

- 就算雌性守宮沒有交配也可能會下蛋，但沒有交配生下的都是未受精卵，若觀察到守宮有排卵要隨時注意是否有成形卵，最好可以在守宮的飼養環境裡常備一個產卵盒以備不時之需。

那些守宮的
奇聞軼事

38 豹紋守宮在看你？

談豹紋守宮的「視覺」與「動物福利」

　　是不是有時候只是經過飼養箱前，就會感受到一股視線一直緊緊盯著你？其實呢！就是你家的豹紋守宮正在注視著你，期待你能「賞牠一口飯」。事實上，**豹紋守宮的視覺系統非常發達**，跟大部分的夜行性爬蟲類似，豹紋守宮的視桿細胞多於視錐細胞，**使牠們能在黑暗中看得更清楚**。因為豹紋守宮的眼睛裡有三種類型的視錐細胞，也使牠們對藍色、綠色和紅色敏感。因此，豹紋守宮具有夜間色覺，也就是能夠在黑暗中看到顏色，也能區分不同的顏色深淺，而在黑暗的環境也能敏銳的偵測到微量的紫外線（UV）。

　　如果你仔細觀察的話，在餵食豹紋守宮時，夾子夾著食物一靠近牠們，牠們會立刻對焦到食物身上，如果在牠們注視的期間夾子緩緩移動，

看到蟋蟀的守宮。

調整好距離後，守宮通常都能精確的捕捉到蟋蟀。

牠們的視線也會跟隨夾子移動，同時牠們也會調整身體到最佳位置，算準距離瞬間咬住食物，幾乎每一次都可以準確咬住。

　　既然豹紋守宮的視覺這麼發達，那對於環境周遭的變化是否也能感受到呢？在早期多數是以哺乳類（如：老鼠）來研究動物對於周遭事物變化的認知能力，而在 2021 年有一篇研究以豹紋守宮與虎皮蠑螈作為實驗對象，來研究爬蟲類與兩棲類對於周遭環境變化的感知能力；在實驗中，研究人員先讓守宮待在一個有固定擺放物的飼養箱中適應一段時間，讓守宮習慣物品的相對位置，隨後將守宮移出並把擺放物的位置進行調整或是更換為不同的擺放物，研究結果顯示，守宮會在換位置的地方或是新的擺放物旁邊停留更久的時間，這可能是牠們對於新的物品感到好奇想探索，這也顯示出**守宮可以辨識不同的物體與位置變化**。

　　那前面第 9 單元「布置守宮喜歡的環境」提到的**環境豐富化**（後稱「環豐」）對於守宮有什麼好處？其實這就要談到**「動物福利」**。「動物福利」是指那些圈養動物包含**實驗動物**、**家畜**、**寵物**等動物的生活福祉，也包含滿足其心理和生理層面的需求。動物福利的衡量並無統一的標準，且難以量化，但衡量福利不佳的主要指標是**異常重複行為** (ARB，Abnormal Repetitive Behaviors) 的發生率。以爬蟲類寵物飼養為例，除了給予牠們基本的生存條件外，能否提供一個讓牠們能充分展現自然習性的飼養環境、讓牠們擁有控制權跟選擇權，以及牠們的情緒是否健康等等。

　　2016 年有一篇針對豹紋守宮對於不同的環境豐富化能否改善其動物福利的研究，在實驗中，研究人員使用 4 種行為指標來評估動物福利：**探索、物種依據習性展現出特定行為**（例如：守宮會找熱源調節體溫或是狩

獵）、**物種行為的多樣性**以及 **ARB 發生的頻率**（例如：反覆嘗試想爬出籠子）。如果探索、物種特定行為與多樣性增加，或者 ARB 的頻率在環豐的情況下有減少，則假設動物福利得到改善。

在實驗中提供了 5 種不同面向的環豐：視覺、熱源、食物、嗅覺和物體，在**視覺項目**中為提供一面鏡子讓守宮們可以看到自己的倒影，**熱源項目**是在籠子裡的加熱燈底下提供平台，提供豹紋更多攀爬與乘涼的空間。**食物項目**中則是將蟋蟀放置在透明管內以測試守宮的反應，**嗅覺項目**中則是在籠子放置薄荷味的氣味塊，最後**物體項目**則是放置寵物橡膠玩具。

雖然在實驗中還是能觀察到守宮嘗試爬出籠子，或是沿著固定的圓圈緊密移動等 ARB 的發生。但在食物和熱源項目觀察到探索跟特定行為的

提供合適的環境可以增進守宮的動物福利。
｜照片提供｜NHD 生態造景

頻率都有顯著增加，在物體項目提供新穎的物品也增加守宮的探索傾向，在視覺和嗅覺項目守宮雖也表現出了類似的行為，但並無顯著差異，作者推論鏡面的反射可能無法提供足夠的社會性刺激，或著是氣味塊因為香味不夠而被守宮視為新物品而已。最後研究結果建議：可以提供**益智餵食器**、**攀爬**和**遮蔭結構**等來增加**飼養環境的豐富度**，進而提升守宮的動物福利。

在 2023 年也有一篇類似的研究，比較了在只有**基本環境布置的守宮櫃**與**仿照原生環境布置的玻璃缸**中，守宮對於環豐的反應。實驗中採用了 4 種躲避容器：

① 軟木橡樹皮的躲避洞穴。
② 在裝滿濕潤底材的盒子，並在盒子上保留一個洞讓守宮進出，讓守宮可以當作躲避屋使用。
③ 將活餌放在透明的塑膠試管裡，讓守宮可以觀察到活餌的動向，活餌可以從試管上面的洞鑽出來。
④ 提供一個橡膠狗玩具，讓守宮可以遊玩。

實驗結果發現，2 種飼養環境中的豹紋守宮對於 4 種環豐都有做出回應，但在**守宮櫃**的守宮對於環豐展現出更頻繁、更長時間的接觸。

豹紋守宮意外的喜歡攀爬，
水族用的沉木是個好選擇。

　　不管是使用守宮櫃飼養的繁殖玩家或是用一般的箱子飼養的飼主，對
於豹紋守宮來說，提供豐富的環境變化可以幫助牠們展現自然習性，也有
助於提高牠們的生活品質，**「動物福利」就是從最基本的將寵物養「活」到灌
注心力把寵物養「好」**，這也是所有寵物飼主們都必須了解的課題。

39 守宮需要曬太陽嗎？

談守宮與維生素 D3 的關係

　　UVB 對於大部分種類的爬蟲成長有著不可或缺的地位，會影響到**生理機能代謝、成長速度**或**骨骼發育**等很多方面：有一篇研究表示，在出生前 6 個月沒曬 UVB 的鬆獅蜥會比有曬的更小隻、體重較輕，發育成長較慢。

　　豹紋守宮到底需不需要使用 UVB 燈呢？一直以來眾說紛紜，一派是認為牠們是夜行性動物，並不需要使用 UVB 燈；另一派則是認為守宮跟許多日行性的爬蟲一樣也需要使用 UVB 燈。而實際上豹紋守宮是屬於**晨昏型的動物，也就是從黃昏到清晨這段時期都會活動**，而在過程中也會照射到少許的陽光；有一篇研究提到讓豹紋守宮每天照射 2 小時的 UVB 燈，1 個月之後發現守宮血液中的 D3 濃度有顯著提升，這項研究結果顯示，**使用 UVB 燈也可以使守宮的 D3 濃度增加。**

　　2020 年則有一篇針對守宮曬 UVB 是否對成長有影響的研究，主要實驗設計是將剛出生的豹紋守宮分為實驗組與對照組，實驗組會曬 UVB 燈，對照組則沒曬，兩邊的餵食都一樣，實驗中主要餵食台灣較少見的蝗蟲與蟋蟀作為主食，餵食比例中 10 % 為麵包蟲，餵食也都會添加含 D3 的鈣粉（實驗中的鈣粉 D3 含量為 4400 IU / kg）。

　　實驗中記錄從實驗起始第 1 天到 180 天結束的飼料轉化率、守宮長度與重量等數據。實驗結束後，雖然使用 UVB 燈組的守宮體內 D3 濃度比

未使用的守宮還高，但是長度、重量、飼料轉換率等數字都無顯著差異，而在實驗結束後2組豹紋守宮也都沒有什麼臨床症狀。最後結論則爲：「如果**飲食中攝取足夠的維生素 D3 與鈣質**，即使沒有使用 UVB 燈也是可以使守宮**正常發育**。」

正在曬 UVB 燈的守宮。

　　所以說，守宮有餵食足量的維生素D3，其實是不用特別使用 UVB 燈，一般餵食守宮就會添加含 D3 的鈣粉，因此在飼養過程中，飼主們其實不需要過度擔心攝取不足的問題。而豹紋守宮維生素 D3 攝取過多的案例很少見，即使平常餵食的每一餐都加鈣粉，也不需擔心攝取過多的問題。

　　雖然守宮不需要使用 UVB 燈，但守宮還是需要日夜週期，因此光照是必須的，**守宮可以依據環境的變化來調節自己的生理時鐘**，國外有些使用造景環境飼養的豹紋守宮，也會使用加熱燈來提供光照，但在台灣一般家庭飼養只需要用沒有熱度的**日光燈**加上**加溫片**提供熱源，並搭配一個**定時器**，設定 12 小時的光照時間即可提供守宮足夠的光照。

　　若是日常想幫守宮曬太陽，則須非常注意室外的溫度，只能以斜曬的方式進行，同時還必須有足夠的陰影區讓守宮選擇自己喜好的溫度梯度。斜曬時間不宜過長，一般建議約 15 分鐘，日曬的效果依照不同季節，紫外線也有所不同；建議可以人跟動物一起曬，如果覺得太熱了就可以提早休息。另外需特別提醒，白化守宮不能曬太陽，因為色素缺乏的關係，有時陽光會造成傷害，另外守宮曬太陽後若發現顏色變深，這屬於正常情況，不用過度擔心。最後提醒，若還是想要給守宮使用 **UVB** 燈，建議**諮詢獸醫師**以後再做使用，避免守宮因**紫外線指數過高**或是**曝曬時間過長**而受傷。

守宮的顏色變化

繪師：玖歲

……

吶雨靜，妳是不是變黑啦？

因為妳的頭髮跟尾巴都是白色的，

一旦黑了就會很明顯呢。

啊！是因為最近比較常出門所以曬黑了嗎？

像是黑面羊一樣真有趣呢。

嚴拒出門

笨蛋——！

不可以跟女孩子說這種話——！

40 豹紋守宮談戀愛？

豹紋守宮求偶的兩三事

　　如大家所知，**豹紋守宮具有很強的地域性**，如果在野外遇到了**同為雄性的同類**，勢必會打上一架，那豹紋守宮怎麼分辨是不是同類的雄性呢？早在 1990 年代，有研究認為守宮是依靠皮膚衍生的化學信號來確定同種動物的性別，並發現脫皮中的雌性會被雄性攻擊，但相同的雌性在脫皮完後雄性卻會與牠求偶，因此科學家認為是雌性**皮膚上有特殊的化學信息素來吸引雄性**。

　　在 2018 年，有一篇文獻也是與豹紋守宮的性別識別有關，實驗中主要測試了雄性對於普通雄性、脫皮中的雌性、未脫皮的雌性、閹割過的雄性，以及給予外源性雄激素（睪酮和二氫睪酮）的雌性和幼體雌性等 6 組的反應。實驗中觀察到雄性激素水平高的個體（即普通雄性和給予雄性激素的雌性）會受到攻擊，而其他組的動物都觀察到雄性求偶的反應；最後的研究結果發現，雄性守宮不是靠費洛蒙來辨別是否為雌性，而是靠**雄性激素水平高低**來判斷，研究人員認為這樣的規則可以避免幼體雄性被成年雄性攻擊，也允許雄性豹紋守宮在任何時間、場合交配，這種生殖策略也可以同樣解釋守宮能長期儲精達 6 個月的特徵。

　　除了可以見到雄性跟幼體雌性求偶外，甚至有觀察到跟不同種的雌性守宮進行求偶的紀錄，例如：肥尾守宮、伊朗豹紋守宮，只要體型接近，雄性的豹紋守宮都會試著求偶與交配，若有同時飼養其他種的守宮，在讓牠們放風接觸時必須要特別注意。

正在求偶的豹紋守宮。

　　另外，還有幾篇關於守宮對於伴侶「熟悉度」的研究也很有趣，有一篇研究主要是針對雄性守宮對不同雌性的求愛行為是否存在「習慣效應」，看牠們能否辨認熟悉與陌生的雌性。研究人員將 2 隻雌性分配給 1 隻雄性，在 5 天內交替引入與雄性守宮接觸，並在第 5 天替換其中 1 隻為陌生的雌性以測試雄性守宮的反應。在實驗過程中，研究人員分別在第 1、3、5 天收集雄性守宮對於不同雌性守宮求偶動作的數據，在實驗過程中雌性都是未發情，並拒絕雄性守宮的求偶。

　　研究結果發現，在面對熟悉的雌性時，雄性的求愛行為會隨著時間逐漸減弱，表現出「習慣效應」。但當引入新的雌性時，雄性的行為出現明顯不同，牠能認出這是一隻未接觸的新雌性。此外，雄性對新雌性求偶行為的強度，恢復到與第 1 天首次引入熟悉的雌性時所測得的水平相近，也就是說，豹紋守宮具有辨識不同個體的認知能力，且偏好與不同雌性配對，**並無伴侶忠誠度**。

　　另一篇研究中，研究人員也針對雄性能否區分不同個體的雌性做測試。實驗中，雄性一樣花 5 天的時間熟悉 2 隻雌性，而在第 6 天時研究人員先讓雄性接觸第 1 隻雌性 2 次，每接觸 10 分鐘就會間隔 10 分鐘，在第 3 次接觸時會改讓雄性接觸第 2 隻雌性守宮，在實驗過程中雌性也都是未

發情，並拒絕雄性守宮的求偶。在觀察中也發現雄性在重複接觸第 1 隻雌性時會減少求偶行為，而在面對第 2 隻雌性時，雄性的求偶行為又恢復之前的強度。研究結果說明雄性可以區分 2 個熟悉的雌性並適當調整求偶行為，牠們能區分不同個體來找出潛在的伴侶，**對每隻雌性都能表現出不同的反應。**

　　如果雄性守宮能區分不同的雌性，那雌性呢？有一篇研究關於雌性交配時是否會區分不同的雄性，結果觀察到雌性對前任伴侶交配的意願與新的雄性交配的意願並沒有差異。而隨後另一篇研究也指出，雌性守宮與不同隻雄性交配多次後生蛋的次數、受精卵數量、卵的相對品質都比起與同隻雄性只交配 1 次還好，而與同隻雄性交配的數值則在兩者之間，因為**守宮有儲精的習性**，多次的交配能讓雌性守宮提高卵的受精率，也有機率產下更強壯的子代。我也曾觀察到，1 隻雌性的白化守宮與 1 隻雄性白化守宮配對後，又與另外 1 隻沒有白化的雄性交配，後來產下的子代就包含了沒有白化與有白化的 2 種表現。

　　豹紋守宮的繁殖擇偶並非如我們想像的單純，甚至與我們人類有幾分相似，例如：研究中發現豹紋守宮能夠區分不同個體的雌性，並適當調整求偶行為，這顯示出**豹紋守宮在進行求偶的過程中也存在著選擇性和認知能力**，而這也與人類在擇偶過程中的心理運作有一定的相似之處。

會用各種奇特姿勢交配的豹紋守宮。

41 守宮培育的悲歌

檸檬霜的起源與發展

　　豹紋守宮除了易於飼養外，最迷人的地方就是**多樣的基因組合所帶來的顏色變異**，而隨著豹紋守宮品系的發展，也有出現像是謎（Enigma）這種有遺傳缺陷的基因，有**「謎」**基因的守宮，通常有**搖頭晃腦**或是**進食時咬不準**的情況。這些缺陷最多只需飼主多加費心照顧，也可以跟其他的豹紋守宮一樣長壽。而曾經紅極一時的**「檸檬霜」**表現，是人類追求外觀型態而影響豹紋守宮生理機能的負面案例，這個品系的遺傳缺陷可能**威脅到守宮的性命**。

　　檸檬霜最早是在 2012 ～ 2013 年間由 Gourmet Rodent 發現，而在 2015 年 10 月他們宣布將在美國爬行動物飼育者協會（USARK）的拍賣會上釋出第 1 對檸檬霜來提供競標，同年 10 月，這對檸檬霜由 Gecko etc. 的負責人 Steve Sykes 以 1 萬美元得標，自此就開啓了檸檬霜瘋狂發展的時代。

　　2016 ～ 2017 年，大量的檸檬霜守宮被繁殖出來，有一些培育者發現檸檬霜守宮身上有不明的腫塊，經過初步檢測，不僅在肝臟、胰臟都有腫塊，而且都還是**惡性腫瘤**，研究也指出這些腫瘤與檸檬霜的基因變異密不可分。由於腫瘤事件的發生，這也使得檸檬霜從爬蟲界的新秀一夕之間跌落神壇，在腫瘤事件爆發後的 1、2 年內，大量的檸檬霜豹紋被低價出售。如今，市場上已經很難看到檸檬霜的身影。

檸檬霜白化輕白化。
│攝影協力│家有爬寵

所有的檸檬霜都有長腫瘤的風險。
│照片提供│巢 Nest

檸檬霜的病變是源自於虹彩細胞的異常增生，虹彩細胞可以通過特定結構（例如：晶體）反射或折射光線產生特定顏色，它們可以製造不同形狀和大小的晶體來產生各種色彩，研究發現檸檬霜身上的腫瘤都是由虹彩細胞所衍生的虹彩細胞瘤，而一般的豹紋守宮是不具有虹彩細胞的，也可以說檸檬霜亮麗的外表是出自於虹彩細胞的傑作。

檸檬霜是一種不完全顯性基因，也存在著超級型態，超級檸檬霜除了有更強烈的亮黃色以外，還會有白色與更多的黑點出現，有些超級檸檬霜的尾部甚至會呈現全黑，皮膚摸起來也比檸檬霜更加粗糙，眼瞼厚度也比一般檸檬霜來得厚。由於檸檬霜是屬於半顯性基因，與一般豹紋交配後的子代有一半機會可以遺傳到，因此這種品系非常容易繁殖。

目前在法律上沒有規範，但在一些國際的交易網站或是爬蟲展覽上已經開始禁止出售檸檬霜。在台灣，檸檬霜豹紋守宮已不常見，但一些店家可能會將檸檬霜與其他品系的豹紋守宮混雜在一起販售。一般消費者容易被檸檬霜的外表吸引與購買，在購買前最好多詢問店家或是飼主。避免在飼養時增加不必要的心理負擔。

　　以下是檸檬霜與一般豹紋守宮的差異，讓你在選購豹紋守宮時可以參考，避免誤買檸檬霜：

① 一般豹紋守宮瞳孔爲黑色，而檸檬霜則呈現白色，同時眼瞼表現更厚。

檸檬霜的眼瞼較一般豹紋守宮厚。　　　　一般守宮眼瞼
│攝影協力│家有爬寵　　　　　　　　　　│攝影協力│家有爬寵

❷ 檸檬霜的黃色比一般豹紋守宮更亮，且有一種螢光黃的感覺。

檸檬霜的黃色表現通常都是螢光黃。　　　一般豹紋守宮的黃色表現。
│攝影協力│家有爬寵　　　　　　　　　│攝影協力│家有爬寵

❸ 檸檬霜背部的黃色會延伸到腹部，此特徵除了部分選育品系，如
　橘化之外，其他豹紋守宮幾乎不會有。

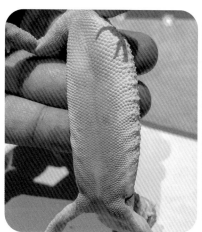

檸檬霜的腹部。　　　　　　　　　　　一般守宮的腹部。
│攝影協力│家有爬寵　　　　　　　　　│攝影協力│家有爬寵

④ 檸檬霜的皮膚摸起來比一般豹紋守宮更加粗糙。

⑤ 在與其他品系結合時不太好分辨，有檸檬霜基因的複合品系豹紋守宮通常身體的顏色會比同樣組合的豹紋更亮，尤其是黃色的部分會更明顯，身體也會有不該出現的黃斑、白點和黑點。

白化輕白化（上）與檸檬霜白化輕白化（下）。
│攝影協力│家有爬寵

　　檸檬霜豹紋守宮的發展猶如一顆流星，留下美麗的軌跡卻很快消失在人們的視野中。然而，這短暫而燦爛的歷程也引起了人們對品系培育的反思。**在追求新品系的同時，如何保持基因多樣性，避免遺傳缺陷不斷累積並兼顧動物福利**，成為了人們需要思考的議題。檸檬霜的消逝或許是一個警示，提醒我們應該更謹慎面對新品系的培育和繁殖。在這個過程中，只有確保動物在 100% 健康的前提下，我們才能好好的欣賞豹紋守宮這多變又美麗的物種。

42 豹紋守宮中的巨人
巨人豹紋守宮與伊朗豹紋守宮的故事

　　巨人豹紋守宮最早是由豹紋守宮界的教父——— Ron Tremper 於 1999 年所發現的，經過了多次的測試跟回配，證實了巨人基因的存在，也在 2001 年 5 月培育出豹紋守宮史上第一隻超級巨人——— Moose，往後幾年巨人豹紋守宮因為體型碩大且修長，加上其為不完全顯性基因，迅速成為豹紋玩家們心目中的瑰寶。

　　爾後由 ETC 繁殖場推出的哥吉拉超級巨人血系，更將巨人豹紋守宮的培育推上一個風頭，當時玩家們無不爭相購入有巨人基因的豹紋守宮，但隨即種種爭議也迎面而來，例如：巨人與超級巨人的定義，多數玩家是以體重來區分，購買標榜有巨人基因的幼體長大體重卻沒有達標，用標榜超級巨人的守宮配種，但其繁殖出來的後代體型卻與一般的豹紋相差無幾。而 Ron Tremper 於 2018 ～ 2019 年進一步說明，回顧過去的培育歷史，**超級巨人實際上是隱性基因**，也就是說，只有當父母雙方都是超級巨人時，才有可能產生超級巨人的後代，這種隱性基因的存在，使得市面上的巨人豹紋守宮變得更加混亂。

巨人豹紋守宮。

伊朗豹紋守宮（左）與巨人豹紋守宮（右）。

作爲巨人豹紋守宮的後繼者，**伊朗豹紋守宮**也逐漸受到關注。伊朗豹紋守宮（*Eublepharis angramainyu*）是 *Eublepharis* 屬中體型最大的品種之一。伊朗豹紋守宮的蛋約是一般豹紋守宮的 2 倍大，剛出生時體重就達到 10 ～ 12 公克（一般剛出生體重約爲 3 ～ 5 公克）。一般豹紋守宮成體時體重約爲 60 ～ 80 公克，100 公克以上即屬大型。而伊朗豹紋平均體重達到 80 ～ 120 公克以上，大型的伊朗豹紋體長可達到 31 公分，體重也可以超過驚人的 200 公克。

伊朗豹紋守宮的**飼養方式**與一般守宮並無太大差別，但**飼養所需的環境較大**，建議至少使用 45×30×25 公分的箱子飼養，可以在飼養環境裡多擺放一些造景，提高環境複雜度；同時也可以刺激守宮活動與探索。而在食物方面，伊朗豹紋守宮可餵食蟋蟀、杜比亞、紅蟑等，食量是一般豹紋的 2 倍以上，如果餵食成體黑蟋蟀可以 2 天餵食 1 次，1 次餵食 3 ～ 4

隻，但要記得加溫需要全天開。伊朗豹紋的成長速度驚人，前 6 個月穩定飼養，體重平均就可以達到 50 ～ 80 公克，1 年以後體重就可以達到 100 公克以上。

在繁殖方面，**伊朗豹紋守宮約需 2 ～ 3 年才可以完全性成熟**。若是母體體重過輕就去繁殖，會容易造成卡蛋的症狀。一般雄性、雌性都建議達到 100 公克以上再進行配對。另外，繁殖季開始的時間也與一般豹紋不同，伊朗豹紋都會在每年的 5 ～ 6 月才會開始配對。

關於伊朗豹紋守宮與一般豹紋守宮的雜交，在 2015 年有人發表相關研究。伊朗豹紋與一般的豹紋守宮雖能產下後代，但其後代 F1 互配無法順利產下 F2 的後代（僅有 1 隻孵化並存活 1 年，多數的蛋連胚胎都沒有發育）。在排除不孕的可能性後，研究人員推測可能是基因不相容性所致。

在性格方面，伊朗豹紋守宮和一般守宮有很大的差異。牠們的性格**較為神經質**，在與牠們互動時需要特別注意。即使成年後，也常常**發出威嚇的叫聲**，當有人靠近時牠們時也會快速擺動尾巴警戒，然後躲回遮蔽物內。由於敏感的性格，與牠們建立默契需要更多的耐心。

伊朗豹紋守宮的蛋（左）比一般豹紋守宮的蛋（右）大許多。

而在原產地的伊朗豹紋守宮分布海拔相當廣泛，從海拔 200 公尺到 2000 公尺都可以找到牠的蹤跡，這說明了牠們的**適應力較強**，這也造就了伊朗豹紋守宮在**體型、花紋**和**體色上的多樣性**。目前常見的產地包括克爾曼沙阿省（Kermanshah Province）、伊拉姆省（Ilam province）、胡奇斯坦省（Khuzestan province）——恰高‧占比爾（Chogha Zanbil）和胡奇斯坦省——馬斯吉德蘇萊曼（Masjed Soleyman）。

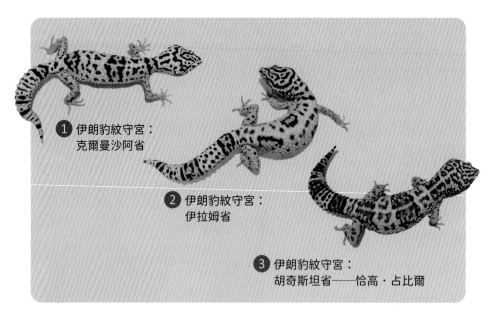

❶ 伊朗豹紋守宮：
克爾曼沙阿省

❷ 伊朗豹紋守宮：
伊拉姆省

❸ 伊朗豹紋守宮：
胡奇斯坦省——恰高‧占比爾

❶ 克爾曼沙阿省產的伊朗豹紋體型最小，僅比一般豹紋守宮大一點，體色以淺黃色加上棕色斑點或線條為主。

❷ 伊拉姆省是所有產地中平均體重最大的，體色、花紋差異也較大，主要為淺黃色、橙色並配上黑色細點，部分個體甚至接近無斑狀態。

③ 胡奇斯坦省──恰高・占比爾的體色以黃色加上粉紅色條狀的斑紋為主，表現會接近一般豹紋守宮的白化品系。

④ 胡奇斯坦省──馬斯吉德蘇萊曼是伊朗豹紋的模式種發現地，體色主要以米黃色為底色，身體與尾巴都有明顯的黑色斑點帶。

　　伊朗豹紋在**飼養上**能提供與一般豹紋守宮**完全不一樣的體驗**，從外觀、體型甚至到個性都有極大的不同，有著更大的體型、多變野性的花紋以及神經質的個性，若是對特殊的守宮情有獨鍾的話，伊朗豹紋守宮或許是一個不錯的選擇。

伊拉姆省（上）與胡奇斯坦省──恰高・占比爾（下）的伊朗豹紋守宮幼體。

參考文獻

38 豹紋守宮在看你？

- Bashaw, M.J., Gibson, M.D., Schowe, D.M., & Kucher, A.S. (2016). Does enrichment improve reptile welfare? Leopard geckos (Eublepharis macularius) respond to five types of environmental enrichment. Applied Animal Behaviour Science, 184, 150-160.
- Simpson, J., & O'Hara, S. J. (2019). Gaze following in an asocial reptile (Eublepharis macularius). Animal cognition, 22(2), 145–152. https://doi.org/10.1007/s10071-018-1230-y
- Kundey, S. M. A., & Phillips, M. (2021). Recognition of novelty in leopard geckos (Eublepharis macularius) and tiger salamanders (Ambystoma tigrinum). Behavioural processes, 184, 104320. https://doi.org/10.1016/j.beproc.2021.104320
- Zieliński D. (2023). The Effect of Enrichment on Leopard Geckos (Eublepharis macularius) Housed in Two Different Maintenance Systems (Rack System vs. Terrarium). Animals : an open access journal from MDPI, 13(6), 1111. https://doi.org/10.3390/ani13061111

39 守宮需要曬太陽嗎？

- Oonincx, D. G., Stevens, Y., van den Borne, J. J., van Leeuwen, J. P., & Hendriks, W. H. (2010). Effects of vitamin D3 supplementation and UVb exposure on the growth and plasma concentration of vitamin D3 metabolites in juvenile bearded dragons (Pogona vitticeps). Comparative biochemistry and physiology. Part B, Biochemistry & molecular biology, 156(2), 122–128. https://doi.org/10.1016/j.cbpb.2010.02.008
- Gould, A., Molitor, L.E., Rockwell, K.E., Watson, M.K., & Mitchell, M.A. (2018). Evaluating the Physiologic Effects of Short Duration Ultraviolet B Radiation Exposure in Leopard Geckos (Eublepharis macularius). Journal of Herpetological Medicine and Surgery, 28, 34 - 39.
- Oonincx, Dennis & Diehl, J & Kik, Marja & Baines, Frances &Heijboer, Annemieke & Hendriks, W & Bosch, Guido. (2020). The nocturnal leopard gecko (Eublepharis macularius) uses UVb radiation for vitamin D3 synthesis. Comparative biochemistry and physiology. Part B, Biochemistry & molecular biology. 250. 110506. 10.1016/j.cbpb.2020.110506.

40 豹紋守宮談戀愛？

- Schořálková, Tereza & Kratochvil, Lukas &Kubička, Lukáš. (2018). Female sexual attractiveness and sex recognition in leopard gecko: Males are indiscriminate courters. Hormones and behavior. 99. 10.1016/j.yhbeh.2018.01.007.
- Lara D. LaDage, & Ferkin, M. H. (2006). Male Leopard Geckos (Eublepharis macularius) Can Discriminate between Two Familiar Females. Behaviour, 143(8), 1033–1049. http://www.jstor.org/stable/4536392
- Lara D. LaDage, & Ferkin, M. H. (2007). Do Female Leopard Geckos (Eublepharis macularius) Discriminate between Previous Mates and Novel Males? Behaviour, 144(5), 515–527. http://www.jstor.org/stable/4536462

41 守宮培育的悲歌

- Szydłowski, P., Madej, J.P., Duda, M. et al. (2020). Iridophoroma associated with the Lemon Frost colour morph of the leopard gecko (Eublepharis macularius). Sci Rep 10, 5734 https://doi.org/10.1038/s41598-020-62828-9
- Guo L, Bloom J, Sykes S, Huang E, Kashif Z, et al. (2021) Genetics of white color and iridophoroma in "Lemon Frost" leopard geckos. PLOS Genetics 17(6): e1009580.

42 豹紋守宮中的巨人

- Jančúchová-Lásková J, Landová E, Frynta D (2015) Experimental Crossing of Two Distinct Species of Leopard Geckos, Eublepharis angramainyu and E. macularius: Viability, Fertility and Phenotypic Variation of the Hybrids. PLOS ONE 10(12): e0143630. https://doi.org/10.1371/journal.pone.0143630
- Nazarov, Roman. (2017). R. A. Nazarov. 2017. The ghost of the Persian night, or all about the Iranian Eublepharis (Reptilia: Eublepharidae: Eublepharis angramainyu Anderson et Leviton, 1966). Russ Terra Magazine, No. 4, pp 33-44.. Russ Terra Magazine. 33-44.

後記

　　寫完這本書後終於鬆了一口氣，算是自己飼養守宮生涯中的里程碑，但這不是結束，而是一個新的開始。

　　在寫書跟收集資料的過程中，越寫越覺得迷茫，感覺自己對於豹紋守宮這個物種的認識只有冰山一角，也非常清楚自己還有許多不足的地方，未來我也會持續精進自己在守宮飼養方面的知識。

　　其實，我離開豹紋守宮的培育已經有一段時間，沒有持續飼養最新推出的豹紋守宮品系，現在的品系變化已經遠比我當初所認識的更爲多元。後面幾年的時間直到現在，我都專注於培育原生種的豹紋守宮，而目前我正專注在伊朗豹紋守宮的飼養培育上，所以本書的很多照片都是以伊朗豹紋守宮爲範例，也再次感謝朋友提供許多不同品系的守宮拍攝。

　　另外這本書的內容主要是針對豹紋守宮所寫，若你是飼養肥尾守宮的話，書裡面的一些資訊並不適用，例如：肥尾守宮的性成熟時間、孵化溫度都與豹紋守宮不同，在參考時要特別注意。

在編寫這本書的時候，雖然已經盡力完善各方面的資料，但可能還是會有遺漏及錯誤，敬請見諒。若書本內容有修正或是補充，我都會公告在我的網站上，對於書本內容有任何建議或是發現需要調整、修正的地方，也歡迎寫信跟我說，我的電子信箱可以在我的網站上找到。

最後再次感謝購買本書的你，願你在飼養守宮的路上能快快樂樂，不忘初心。

貓頭鷹 筆

貓頭鷹的守宮飼養筆記
https://www.owlgeckonotes.com/

守宮娘雨玥的日常手帳

Facebook
https://www.facebook.com/ReptileGirls/?locale=zh_TW

Instagram
https://www.instagram.com/reptilegirls_dailylife/

豹紋守宮品系中英對照表

中文俗名	英文名稱	基因組合
超級巨人	Super Giant	-
馬克雪花	Mack Snow	-
超級雪花	Super Snow	-
檸檬霜	Lemon Frost	-
超級檸檬霜	Super Lemon Frost	-
謎	Enigma	-
淡彩	Pastel	-
寶石雪花	Gem Snow	-
奧本雪花	TUG Snow	-
川普白化	Tremper Albino	-
貝爾白化	Bell Albino	-
雨水白化	Rainwater Albino	-
輕白化	Murphy Patternless	-
暴風雪	Blizzard	-
日蝕	Eclipse	-
慾望黑眼	Noir Désir	-
大理石眼	Marble Eye	-
APTOR	APTOR	川普白化 + 無紋 + 橘化
暴龍	RAPTOR	川普白化 + 日蝕 + 無紋
雪花暴龍	Snow RAPTOR	馬克雪花 + 川普白化 + 日蝕 + 無紋
超級雪花暴龍	Super RAPTOR	超級雪花 + 川普白化 + 日蝕 + 無紋
諾娃	Nova	謎 + 川普白化 + 日蝕
Dreamsickle	Dreamsickle	馬克雪花 + 謎 + 川普白化 + 日蝕
超級諾娃	Super Nova	超級雪花 + 謎 + 川普白化 + 日蝕
雷達	Radar	貝爾白化 + 日蝕 + 無紋
雪花雷達	Snow Radar	馬克雪花 + 貝爾白化 + 日蝕 + 無紋
超級雷達	Super Radar	超級雪花 + 貝爾白化 + 日蝕 + 無紋
颱風	Typhoon	雨水白化 + 日蝕 + 無紋
雪花颱風	Snow Typhoon	馬克雪花 + 雨水白化 + 日蝕 + 無紋
超級颱風	Super Typhoon	超級雪花 + 雨水白化 + 日蝕 + 無紋

不完全顯性 / 顯性 / 隱性 / 多基因性狀 / 組合品系	備註
* 隱性	巨人基因發現者 Ron Tremper 於 2019 年重新定義超級巨人爲隱性
不完全顯性	
不完全顯性	
不完全顯性	
不完全顯性	
顯性	
顯性	
顯性	
顯性	
隱性	
隱性	
隱性	
隱性	
隱性	
隱性	
隱性	玩家俗稱 NDBE
隱性	
* 多基因性狀	爲多基因性狀與白化基因的組合
組合品系	要加上無紋表現才能叫 RAPTOR，橫紋表現只能稱作川普日蝕
組合品系	
組合品系	
組合品系	
組合品系	
組合品系	
組合品系	沒有無紋亦可稱雷達
組合品系	也稱作隱身 (Stealth)
組合品系	
組合品系	沒有無紋亦可稱颱風
組合品系	
組合品系	

中文俗名	英文名稱	基因組合
極光	Aurora	白黃 + 貝爾白化
香蕉暴風雪	Banana Blizzard	輕白化 + 暴風雪
蜜蜂	Bee	日蝕 + 謎
黑洞	Black Hole	雪花 + 謎 + 日蝕
水晶	Crystal	雪花 + 謎 + 日蝕 + 雨水白化
氣旋	Cyclone	輕白化 + 日蝕 + 雨水白化
渦流	Vortex	謎 + 輕白化 + 日蝕 + 雨水白化
惡魔白酒	Diablo Blanco	川普白化 + 日蝕 + 暴風雪
白騎士	White Knight	貝爾白化 + 日蝕 + 暴風雪
餘燼	Ember	輕白化 + 川普白化 + 日蝕
幽靈	Phantom	日焰 + 奧本雪花
妖精	Goblin	幽靈 + 日蝕
日焰	Sunglow	白化 + hypo + 蘿蔔尾
聲納	Sonar	雪花 + 謎 + 日蝕 + 貝爾白化
全日蝕	Total Eclipse	超級雪花 + 日蝕
橘化龍捲風	Tangerine Tornado	-
電子橘化	Electric Tangerine	-
蜜橘	Mandarin Tangerine	-
粗直線	Bold Stripe	-
土匪	Bandit	-
黑夜	Black Night	-
白黃	White & Yellow	-
高明度	hypo	-
蘿蔔尾	Carrot Tail	-
翡翠	Emerine	-
紅直線	Red Stripe	-
叢林	Jungle	-
悖論	Paradox	-
高黃	High Yellow	-
直線	Stripe	-
反轉直線	Reverse Stripe	-

不完全顯性 / 顯性 / 隱性 / 多基因性狀 / 組合品系	備註
組合品系	
組合品系	
組合品系	
組合品系	
組合品系	
組合品系	
組合品系	
組合品系	玩家俗稱 DB
組合品系	
組合品系	
* 多基因性狀	爲多基因性狀與白化、奧本雪花的組合
組合品系	
* 多基因性狀	爲多基因性狀與白化基因的組合
組合品系	
組合品系	亦稱 Super Galaxy
多基因性狀	
多基因性狀	玩家俗稱電橘
多基因性狀	
多基因性狀	
多基因性狀	
多基因性狀	
多基因性狀	
多基因性狀	
多基因性狀	
多基因性狀	
多基因性狀	
多基因性狀	常見不分品系的豹紋會稱爲 Normal 或是高黃
多基因性狀	
多基因性狀	

台灣特寵醫院列表

醫院	地址	電話
不萊梅特殊寵物專科醫院	台北市大同區民權西路 227 號	02-2599-3907
牧光特殊寵物專科醫院	台北市大同區民族西路 65 號	02-2592-6590
沐沐鼠兔鳥爬專科動物醫院	台北市中山區龍江路 78 號	02-7713-7707
伊甸動物醫院	台北市中山區北安路 554 巷 33 號 1 樓	02-8509-2579
國立臺灣大學生物資源暨農學院附設動物醫院	台北市大安區基隆路三段 153 號	02-2739-6828
聖地牙哥動物醫院	台北市大安區羅斯福路三段 65 號 3 樓之一	02-2364-3458
萊特動物醫院	台北市大安區辛亥路一段 50 號	02-2365-8628
亞馬森特寵專科醫院	台北市內湖區內湖路二段 39 之 2 號	02-8792-3248
中研動物醫院	台北市南港區研究院路一段 72 號	02-2651-2100
亞各特殊寵物醫院	台北市南港區研究院路一段 101 巷 12 號	02-2653-3636
良醫動物醫院	台北市松山區八德路四段 188 號	02-2761-5091
馬達加斯加動物醫院	新北市板橋區文化路二段 500 號	02-8259-5001
綠野特殊寵物專科醫院	新北市中和區景平路 335 之 1 號	02-2946-8818
獴獴加非犬貓專科醫院	新北市三重區重新路四段 20 號 1 樓	02-2979-2232
嘉德動物醫院	新北市汐止區福德一路 206 巷 1 號	02-2693-4809
懷恩動物醫院	新北市林口區中山路 235 號	02-8601-8432
上弦動物醫院	新北市林口區忠福路 129 號	02-2609-0119
慈恩動物醫院	新北市永和區永利路 142 號	02-3233-5195
小水豚非犬貓動物醫院	新北市新莊區幸福東路 140 號 1 樓	02-2990-6905
普羅犬貓暨特殊寵物綜合醫院	桃園市桃園區泰成路 15 號	03-378-9900
原野動物專科醫院	桃園市平鎮區廣德街 12 號 1 樓	03-494-2020
野森非犬貓專科醫院	桃園市中壢區民權路 332 號	03-491-0302
新竺動物醫院	新竹市北區竹光路 98 號	03-542-9961
光華動物醫院	新竹市北區水田街 177 號	03-543-9840
大福小幸動物醫院	新竹市香山區經國路三段 92 巷 6 號	03-530-0175
度度鳥特殊寵物動物醫院	新竹市東區西大路 315 巷 7 號 1 樓	0965-109-093
秘境野生動物專科醫院	新竹縣竹北市自強六街 15 號	03-668-5559
羽森林動物醫院	台中市東區旱溪西路一段 552 號	04-2213-2373
中興大學獸醫教學醫院	台中市西區向上路一段 21 號	04-2287-0180
侏儸紀野生動物專科醫院	台中市西區英才路 625 號	04-2375-7808
小島動物醫院	台中市西區三民西路 83 號	04-2376-7158
達爾文動物醫院	台中市西區博館路 157 號	04-2326-2759

小提醒：多數獸醫院須電話預約，不接受現場掛號，建議看診前先打電話詢問。

醫院	地址	電話
感恩動物醫院	台中市北區忠明路 131 號	04-2320-2590
毛克利野生動物醫院	台中市北屯區文心路四段 690 號	04-2238-6609
台中亞東綜合動物醫院	台中市北屯區昌平路一段 27 號	04-2233-6101
台中凡賽爾動物醫院	台中市西屯區臺灣大道三段 292 號	04-2312-1880
龍貓動物醫院	彰化縣鹿港鎮彰鹿路七段 639 號	04-777-3488
叢林特殊寵物專科醫院	彰化縣員林市條和街 350 號 1 樓	04-833-3232
嘉樂動物醫院	嘉義市東區民族路 67 號	05-277-3122
立安動物醫院	台南市中西區永華路一段 186 號	06-228-6538
台灣嘉南動物醫院	台南市北區長榮路五段 425 號	06-251-6949
台南凱旋動物醫院	台南市北區公園路 591 之 34 號	06-251-4727
山豬動物醫院	台南市安平區平通路 525 號	06-299-1006
大灣動物醫院	台南市永康區大灣路 610 號	06-273-2119
惠馨動物醫院	台南市善化區民生路 397 號	06-585-4119
毛毛動物醫院 - 歸仁分院	台南市歸仁區民權三街 32 號	06-230-6353
亞幸動物醫院	高雄市苓雅區光華一路 12 之 1 號	07-726-5577
中興農十六特別寵物科	高雄市鼓山區大順一路 935 號	07-550-3582
本丸特殊寵物與貓專科醫院	高雄市前鎮區永豐路 105 號 1 樓	07-721-1089
蓋亞野生動物醫院	高雄市三民區建工路 611 號	07-392-9353
聖弘綜合動物醫院	高雄市三民區鼎中路 753 之 37 號	07-310-3002
大毛小毛動物醫院	高雄市三民區文濱路 62 號	07-780-9102
梅西特別寵物科	高雄市左營區文府路 498 號 5 樓	07-350-3840
藍天動物醫院	高雄市三民區博愛一路 139 號	07-322-9200
鳳山肯亞動物專業醫院	高雄市鳳山區光復路一段 26 號	07-710-5150
韓特動物醫院	高雄市前金區自強三路 211 號	07-215-2577
毛毛動物醫院	高雄市大社區三民路 270 號	07-353-5316
屏東肯亞特殊寵物專科醫院	屏東縣屏東市崇朝一路 192 號	08-765-6655
屏安獸醫院	屏東縣屏東市中山路 61 之 12 號	08-733-6069
國立屏東科技大學附設獸醫教學醫院	屏東縣內埔鄉學府路 1 號	08-774-0270
福爾摩莎動物醫院	屏東縣內埔鄉光明路 525 之 1 號	08-778-2018
噶瑪蘭動物醫院	宜蘭縣宜蘭市新興路 119 號	03-932-6119
花蓮中華動物醫院	花蓮縣花蓮市中華路 325 號之 7	03-833-5123

晨星寵物館重視與每位讀者交流的機會，
若您對以下回函內容有興趣，
歡迎掃描QRcode填寫線上回函，
即享「晨星網路書店Ecoupon優惠券」一張！
也可以直接填寫回函，
拍照後私訊給 FB【晨星出版寵物館】

◆ 讀 者 回 函 卡 ◆

姓名：＿＿＿＿＿＿＿＿　　性別：□男　□女　　生日：西元　　　／　　／
教育程度：□國小 □國中 □高中/職　□大學/專科　□碩士　　　□博士
職業：□學生　　　　　□公教人員　　□企業/商業　□醫藥護理　□電子資訊
　　　□文化/媒體　　□家庭主婦　　□製造業　　　□軍警消　　□農林漁牧
　　　□餐飲業　　　　□旅遊業　　　□創作/作家　□自由業　　□其他＿＿＿＿
* 必填 E-mail：＿＿＿＿＿＿＿＿＿＿＿＿＿＿＿　聯絡電話：＿＿＿＿＿＿＿＿
聯絡地址：□□□＿＿＿＿＿＿＿＿＿＿＿＿＿＿＿＿＿＿＿＿＿＿＿＿＿＿＿
購買書名：**豹紋守宮完全飼養指南**＿＿＿＿＿＿＿＿＿＿＿＿＿＿＿＿＿＿
・本書於那個通路購買？　□博客來 □誠品 □金石堂 □晨星網路書店 □其他＿＿
・促使您購買此書的原因？
□於 ＿＿＿＿＿ 書店尋找新知時　□親朋好友拍胸脯保證　□受文案或海報吸引
□看＿＿＿＿＿＿＿網路平台分享介紹　□翻閱 ＿＿＿＿＿＿ 報章雜誌時瞄到
□其他編輯萬萬想不到的過程：＿＿＿＿＿＿＿＿＿＿＿＿＿＿＿＿＿＿＿＿＿
・怎樣的書最能吸引您呢？
□封面設計　□內容主題　□文案　□價格　□贈品　□作者　□其他 ＿＿＿＿＿
・您喜歡的寵物題材是？
□狗狗　□貓咪　□老鼠　□兔子　□鳥類　□刺蝟　□蜜袋鼯
□貂　　□魚類　□烏龜　□蛇類　□蛙類　□蜥蜴　□其他＿＿＿＿＿
□寵物行為　□寵物心理　□寵物飼養　　□寵物飲食　　□寵物圖鑑
□寵物醫學　□寵物小說　□寵物寫真書　□寵物圖文書　□其他＿＿＿＿＿
・請勾選您的閱讀嗜好：
□文學小說　□社科史哲　□健康醫療　□心理勵志　□商管財經　□語言學習
□休閒旅遊　□生活娛樂　□宗教命理　□親子童書　□兩性情慾　□圖文插畫
□寵物　　　□科普　　　□自然　　　□設計/生活雜藝　　□其他 ＿＿＿＿＿

國家圖書館出版品預行編目（CIP）資料

豹紋守宮完全飼養指南 ： 從挑選品系、底材、布置住家、餵食、互動、脫皮、斷尾、繁殖和健康照護全面掌握/貓頭鷹作. — 初版. — 臺中市 ： 晨星出版有限公司，2024.03

240面 ； 16×22.5公分. — （寵物館 ； 119）

ISBN 978-626-320-761-5(平裝)

1.CST：爬蟲類 2.CST：寵物飼養

437.394　　　　　　　　　　　　　112022619

寵物館 119

豹紋守宮完全飼養指南

從挑選品系、底材、布置住家、餵食、互動、脫皮、
斷尾、繁殖和健康照護全面掌握

作者	貓頭鷹
編輯	余順琪
編輯助理	林吟築
封面設計	高鍾琪
美術編輯	李京蓉

創辦人	陳銘民
發行所	晨星出版有限公司
	407台中市西屯區工業30路1號1樓
	TEL：04-23595820　FAX：04-23550581
	E-mail：service-taipei@morningstar.com.tw
	http://star.morningstar.com.tw
	行政院新聞局局版台業字第2500號
法律顧問	陳思成律師
初版	西元2024年03月01日

讀者服務專線	TEL：02-23672044／04-23595819#212
讀者傳真專線	FAX：02-23635741／04-23595493
讀者專用信箱	service@morningstar.com.tw
網路書店	http://www.morningstar.com.tw
郵政劃撥	15060393（知己圖書股份有限公司）

印刷	上好印刷股份有限公司

定價 480 元

（如書籍有缺頁或破損，請寄回更換）

ISBN：978-626-320-761-5

圖片來源請見內頁標示
未標示者皆由作者提供

Published by Morning Star Publishing Inc.
Printed in Taiwan
All rights reserved.

| 最新、最快、最實用的第一手資訊都在這裡 |